"十二五"职业教育国

经全国职业教育教材审定

U0615730

PLC技术应用（三菱）

第2版

主　编　鹿学俊　张　莉

副主编　江彦娥　曲珊珊

参　编　董亮　贺新新　赵　健

机械工业出版社

CHINA MACHINE PRESS

本书是"十二五"职业教育国家规划教材修订版。本书对编程软件、项目选择、配套资源等方面做了改进，共设计了三大模块十五个项目。模块一从读者熟悉的电动机控制电路入手，在继电器控制电路基础上进行 PLC 控制程序改造，学习 PLC 的软硬件知识和基本指令；模块二以典型应用项目为依托，学习常用指令、步进指令、SFC 程序；模块三为拓展应用，介绍与 FX3U 配套的组态软件，提高读者自动化控制的综合应用能力。再版编写中结合 1+X 电工考证中的电力拖动与 PLC 内容，采用模块化、项目式结构，读者可以根据需要自行组合，充分体现实践导向、教学做一体化的特点。

本书可作为中等职业学校电气设备运行与控制、机电技术应用等自动化类专业的教材，也可作为电气设备安装与维护人员、变电设备安装工、维修电工等岗位培训教材。

本书有配套工作页，同时还配有 PPT 课件、电子教案、视频及动画（二维码）等资源，选择本书作为授课教材的教师可登录 www.cmpedu.com 网站，注册后免费下载。

图书在版编目（CIP）数据

PLC 技术应用：三菱 / 鹿学俊，张莉主编 . —2 版 . —北京：机械工业出版社，2021.11（2025.9 重印）

"十二五"职业教育国家规划教材：修订版

ISBN 978-7-111-70014-2

Ⅰ . ① P… Ⅱ . ①鹿… ②张… Ⅲ . ① PLC 技术 – 高等职业教育 – 教材 Ⅳ . ① TB4

中国版本图书馆 CIP 数据核字（2022）第 017720 号

机械工业出版社（北京市百万庄大街 22 号　邮政编码 100037）
策划编辑：赵红梅　　　　　责任编辑：赵红梅　王　荣
责任校对：肖　琳　王明欣　封面设计：张　静
责任印制：邓　博
天津嘉恒印务有限公司印刷
2025 年 9 月第 2 版第 11 次印刷
184mm × 260mm • 14.75 印张 • 241 千字
标准书号：ISBN 978-7-111-70014-2
定价：48.00 元

电话服务　　　　　　　　　　网络服务
客服电话：010-88361066　　　机 工 官 网：www.cmpbook.com
　　　　　010-88379833　　　机 工 官 博：weibo.com/cmp1952
　　　　　010-68326294　　　金 书 网：www.golden-book.com
封底无防伪标均为盗版　　　机工教育服务网：www.cmpedu.com

本书是"十二五"国家规划教材《PLC技术应用》（三菱）的第2版，参考电气运行与控制专业相关的职业资格标准编写而成。

PLC技术应用是电气设备运行与控制等自动化类专业的一门专业核心课程。本书以自动化控制系统中广泛应用的三菱FX3U系列PLC为载体，依托典型工作项目，由浅入深地介绍了PLC的基本指令、步进指令、SFC程序，并引领学习者编制典型应用程序，进行可编程控制系统的装配、调试与维护，以满足生活生产现场可编程控制系统应用的需要。

本书在第1版基础上采取内容模块化的编写方式，在原有内容基础上，删除了手持编程器任务，增加了从控制电路到梯形图的变换、软件的编程和写入过程等内容，并配套工作页，增加了配套视频及动画等资源，为读者提供更多便利。本书设计了PLC专项应用、PLC基础应用、PLC拓展应用三大模块，各模块下有四～六个项目。各项目均源于自动化类专业工作、生活领域，是工作任务的教学转化，力求使学生在项目实施中加深对专业知识、技能的理解和应用。绪论的主要内容是PLC简介，增加学习者对PLC的感性认知。模块一为PLC专项应用，将学习者必须掌握的五个电力拖动电路，由继电器控制转换为PLC梯形图，一步步引领编程接线，使学习者建立与已知电力拖动电路的联系，体会PLC控制的优越性。模块二PLC基础应用设计了六个项目，由已知到未知逐级深入，使学生熟悉PLC的基本指令、步进指令，学会应用PLC常用元件，利用SFC程序编制一般的应用程序。模块三PLC拓展应用设计了四个项目，主要介绍与FX3U配套的组态软件，并结合实例介绍PLC与变频器、触摸屏的连接使用，引领学习者完成PLC综合控制系统项目编程、接线、安装与调试。

本书重点突出三大特色：

（1）创新教与学组织形式，坚持以学生为中心的课堂教学，每个项目均配备了工作页。通过立体化教学资源辅助线下教与学，配有视频二维码、PPT课件、电子教案等资源，充分调动学生的学习积极性。

（2）基于岗位需求的理实结合，坚持专业理论与技能培养并重。坚持项目的教、学、做一体化设计，从实践工作中提取项目，将必备的理论知识融入项目准备、实施过程。

（3）基于专业实践更新内容，坚持校企合作开发教材。学校企业合作，将 PLC 实训新技术、新工艺纳入教材，采用模块化编排，可以根据需要进行模块重组，满足各类学习者的需求。

本书采用我国法定计量单位和现行的最新国家标准。

本课程教学学时为 96 学时，具体学时方案建议如下表，供参考。

模块	项目	课 程 内 容	课 时 数		
			讲授	实训	合计
绪论		认识 PLC	2	2	4
PLC 专项应用	一	PLC 控制电动机点动运行	2	4	6
	二	PLC 控制电动机连续运行	2	2	4
	三	PLC 控制电动机正、反转运行	2	2	4
	四	PLC 控制电动机丫－△减压起动	2	2	4
	五	PLC 控制电动机顺序起动	2	2	4
PLC 基础应用	六	PLC 控制灯光闪烁	2	4	6
	七	PLC 控制报警	2	4	6
	八	PLC 控制机械手分拣	2	4	6
	九	PLC 控制十字路口交通信号灯	2	4	6
	十	PLC 控制循环彩灯	2	4	6
	十一	PLC 控制水塔水位	2	4	6
PLC 拓展应用	十二	变频器的认识与使用	0	4	4
	十三	组态软件的认识与使用	0	4	4
	十四	PLC 与变频器和触摸屏的综合应用	2	6	8
	十五	PLC 控制生产流水线产品的运输	2	6	8
机 动			2	4	4
总 计			32	64	96

本书由济南理工学校鹿学俊、张莉担任主编；济南信息工程学校江彦娥、济南理工学校曲珊珊担任副主编；德州市平原县职业中等专业学校董亮、济南理工学校贺新新、赵健参与编写。在本书编写过程中，编者参阅了国内外出版的有关教材和资料，得到了山东星科智能科技股份公司的大力支持，在此表示衷心感谢！

由于编者水平有限，书中不妥之处在所难免，恳请读者批评指正。

编 者

目　录

绪论

认识 PLC

目前，PLC 技术在工业自动化生产中被广泛应用。学会应用 PLC 控制技术已成为新时代智能制造类电气工程技术人员的必备能力。PLC 技术是在继电器控制技术的基础上发展起来的，图 0-1a、b 分别是低压电器控制的配电柜和 PLC 控制的配电柜，目前两种控制方式仍都有应用。通过对两个配电柜元器件及电路的比较，可以清晰地看出 PLC 控制系统的优势。随着现代化生产技术的不断提高，越来越多的领域开始采用 PLC 控制系统。

a) 低压电器控制的配电柜　　　　　　b) PLC 控制的配电柜

图 0-1　两种典型控制系统

一、PLC 的定义及特点

可编程序逻辑控制器（Programmable Logic Controller，PLC）是集自动控制技术、计算机技术和通信技术于一体的一种新型工业控制装置。目前，PLC 控制技术已跃居工业自动化三大支柱（PLC、ROBOT、CAD/CAM）的首位。

国际电工委员会将 PLC 定义为"数字运算操作的电子系统"，专为在工业环境下应用而设计。它采用可编程序的存储器，用来存储执行逻辑运算、顺序控制、定时、计数和算术运算等操作的指令，并通过数字或模拟的输入和输出控制各种类型的机械或生产过程。PLC 的主要特点如下：

1）可靠性高、抗干扰能力强。

2）编程简单、使用维护方便。

3）功能完善、通用性好。

4）体积小、能耗低。

5）性能价格比高。

二、PLC 的分类

随着 PLC 技术的不断发展，PLC 的种类也越来越多。

1. 按照结构形式分类

PLC 按照结构形式的不同，可分为整体式 PLC、模块式 PLC 和叠装式 PLC，分别如图 0-2 ～ 图 0-4 所示。

图 0-2　整体式 PLC

图 0-3　模块式 PLC

图 0-4　叠装式 PLC

2. 按照 I/O 点数分类

PLC 按照 I/O 点数的不同可以分为小型机、中型机和大型机。

1）小型 PLC 的 I/O 点数在 256 以下。其中，小于 64 点的为超小型或微型 PLC。

2）中型 PLC 的 I/O 点数在 256 ～ 2048 之间。

3）大型 PLC 的 I/O 点数在 2048 以上。

目前市场上生产 PLC 的代表性厂家有美国的 AB 公司、通用汽车公司，德国的西门子公司，法国的 TE 公司，日本的欧姆龙、三菱、松下公司等。

三、PLC 的基本结构

PLC 实质上是一种工业控制专用计算机，PLC 系统与微型计算机结构基本相同。虽然 PLC 的结构多种多样，但是其组成的一般原理基本相同，主要由中央处理器（CPU）、存储器、输入 / 输出（I/O）接口、外部设备接口及电源等组成。PLC 的结构组成示意图如图 0-5 所示。

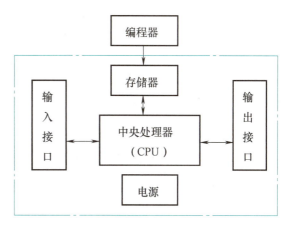

图 0-5　PLC 的结构组成示意图

1. 中央处理器（CPU）

CPU 是 PLC 的核心。PLC 中所配置的 CPU 随机型的不同而不同。它的主要功能是将输入信号送入 PLC 中存储起来；按存放的先后顺序取出用户指令进行编译；完成用户指令规定的各种操作；将结果送到 PLC 的输出端子；响应各种外部设备（如编程器、上位机、打印机等）的请求。

2. 存储器

存储器是具有记忆功能的半导体电路，主要有两种：一种是可读 / 写操作的随机存储器 RAM；另一种是只读存储器 ROM、PROM、EPROM 和 EEPROM。在 PLC 中，存储器主要用于存放系统程序、用户程序及工作数据。

系统程序是由 PLC 制造厂家编写的，与 PLC 的硬件组成有关，完成系统诊断、命令解释、功能子程序调用管理、逻辑运算、通信及各种参数设定等功能，提供 PLC 运行的平台。系统程序关系到 PLC 的性能，而且在 PLC 使用过程中不会变动，是由制造厂家直接固化在只读存储器中的，用户不能访问和修改。

用户程序是随 PLC 的控制对象而定的，由用户根据对象生产工艺的控制要求而编制的应用程序。为了便于读出、检查和修改，用户程序一般存放于 CMOS 静态 RAM 中，用蓄电池作为后备电源，以保证掉电时不会丢失信息。

工作数据是 PLC 运行过程中经常变化、经常存取的一些数据，存放在 RAM 中，以适应随机存取的要求。

3. 输入 / 输出接口

输入 / 输出接口通常也称为 I/O 单元，是 PLC 与工业生产现场之间的连接部件。PLC 通过输入接口可以检测被控对象的各种数据，以这些数据作为 PLC 对被控制对象进行控制的依据；同时 PLC 又通过输出接口将处理结果送给被控制对象，以实现控制目的。

PLC 提供了多种操作电平和驱动能力的 I/O 接口，有各种各样功能的 I/O 接口供用户选用。I/O 接口的主要类型有数字量（开关量）输入、数字量（开关量）输出、模拟量输入及模拟量输出等。

常用的开关量输入接口按其使用电源的不同可分为三种类型：直流输入接口、交流输入接口和交 / 直流输入接口。常用的 PLC 输入接口电路如图 0-6 所示。

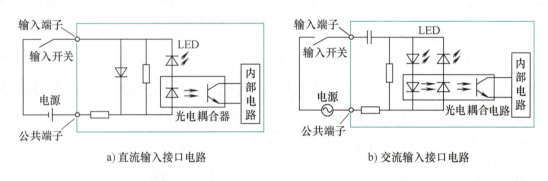

a) 直流输入接口电路   b) 交流输入接口电路

图 0-6   常用的 PLC 输入接口电路

常用的开关量输出接口按输出开关器件的不同可分为三种类型：继电器输出、晶体管输出和双向晶闸管输出。继电器输出接口可驱动交流或直流负载，但其响应时间长，动作频率低；而晶体管输出和双向晶闸管输出接口的响应速度快，动作频率高，但前者只能用于驱动直流负载，后者只能用于驱动交流负载。常用的 PLC 输出接口电路如图 0-7 所示。

4. 外部设备接口

（1）通信接口

PLC 通过通信接口可与编程器、打印机、其他 PLC、计算机等设备实现通信，并可组成多机系统或网络，实现更大规模的控制。

（2）I/O 扩展接口

I/O 扩展接口是 PLC 中 I/O 扩展单元和基本单元实现连接的接口。通过扩展接口可以扩充开关量 I/O 点数和增加模拟量的 I/O 端子，也可配接智能单元完成特定的功能，使 PLC 的配置更加灵活，以满足不同控制系统的需要。I/O 扩展接口电路采用并行接口和串行接口两种电路形式。

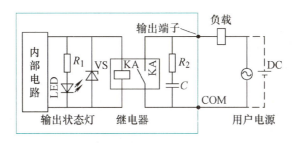

a) 继电器输出接口电路

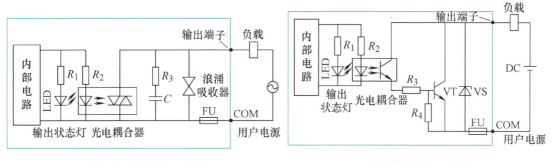

b) 双向晶闸管输出接口电路　　　　　　c) 晶体管输出接口电路

图 0-7　常用的 PLC 输出接口电路

5. 电源

PLC 配有开关电源，以供内部电路使用。与普通电源相比，PLC 电源的稳定性好、抗干扰能力强。整体型 PLC 还向外提供直流 24V 稳压电源，供外部传感器供电或输入接口电路使用。

四、PLC 的工作原理

PLC 采用循环扫描的工作方式。对每个程序，CPU 从第一条指令开始执行，按指令步序号做周期性的循环扫描，如果无跳转指令，则从第一条指令开始逐条执行用户程序，直至遇到结束符后返回第一条指令，如此周而复始、不断循环，每一次循环称为一个扫描周期。一个扫描周期中除了执行指令外，还有 I/O 刷新、故障诊断和通信等操作。一个扫描周期主要可分为三个阶段，如图 0-8 所示。

1. 输入采样刷新阶段

在输入采样刷新阶段，CPU 扫描全部输入状态和数据，并写入输入状态寄存器。输入映像寄存器被刷新后，转入用户程序执行阶段和输出刷新阶段。在后两个阶段，即使输入端状态发生变化，输入映像寄存器的内容也不会改变，而这些变化必须等到下一工作周期的输入采样阶段才能被读入。

2. 用户程序执行阶段

在用户程序执行阶段，PLC 按照由左至右、由上至下的顺序依次扫描用户程序。从第一条指令开始逐条执行，并将相应的逻辑运算结果存入对应的内部辅助寄存器和输出状态寄存器中，当最后一条控制程序执行完毕后，即转入输出刷新阶段。

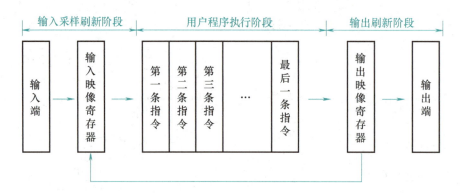

图 0-8　PLC 的工作过程

3. 输出刷新阶段

当所有指令执行完毕后，将输出状态寄存器中的内容依次送到输出映像寄存器，并通过一定的输出方式输出，驱动外部相应执行元件工作。

五、PLC 的主要性能指标

1）存储容量：PLC 的存储容量通常指用户程序存储器和数据存储器容量之和。

2）I/O 点数：PLC 的 I/O 接口所能接收的输入信号个数和输出信号个数称为 PLC 输入/输出（I/O）点数。I/O 点数是衡量 PLC 性能的重要参数之一。当系统的 I/O 点数不够时，可通过 PLC 的 I/O 扩展接口对系统进行扩展。

3）扫描速度：PLC 执行用户程序的速度一般以扫描 1KB 的用户程序所需的时间来表示，通常以 ms/KB 为单位。PLC 用户手册一般给出执行各条指令所用的时间，可以通过比较各种 PLC 执行相同操作所用的时间来衡量扫描速度的快慢。

4）指令的功能与数量：指令功能的强弱、数量的多少也是衡量 PLC 性能的重要指标。编程指令的功能越强、数量越多，PLC 的处理能力和控制能力也越强，用户编程也更加简单和方便，可相对更容易地完成复杂的控制任务。

5）内部元件的种类与数量：在编制 PLC 程序时，需要用到大量的内部元件来存放变量、中间结果、保持数据、定时计数、模块设置和各种标志位等信息。这些元件的种类与数量越多，表示 PLC 存储和处理各种信息的能力越强。

知识链接

PLC 控制系统与继电 – 接触器控制系统的区别

1）组成器件不同：继电 – 接触器控制系统是由许多真正的硬件继电器（简称硬继电器）组成；而 PLC 程序中却是利用很多 "软继电器" 来完成控制任务。

2）触点数量不同：硬继电器的触点数量有限，用于控制的继电器触点数一般只有 4～8 对；而梯形图中每个 "软继电器" 供编程使用的触点数有无限对。

3）实施控制的方法不同：在继电 – 接触器控制系统中，实现某种控制是通过各种继电器之间硬接线解决的；而 PLC 控制是通过梯形图即软件编程解决的。

4）工作方式不同：在继电 – 接触器控制系统中，采用并行工作方式，即只要接通电源，整个系统处于带电状态，该闭合的触点都会同时闭合；而在梯形图的控制电路中，采用串行工作方式，各软继电器处于周期性循环扫描中，受同一条件制约的软继电器的动作顺序取决于扫描顺序，同它们在梯形图中的位置有关。

六、三菱 FX 系列 PLC

FX 系列 PLC 是三菱公司近年来推出的高性能小型 PLC，已逐步替代三菱公司原 F、F1、F2 系列 PLC 产品。FX 系列 PLC 是目前市场上的主流产品，具有较高的性能价格比，应用十分广泛。

FX 系列 PLC 型号众多，主要有 FX1NC、FX1N、FX1S、FX2NC、FX2N、FX3UC、FX3U、FX3G 等型号，如图 0-9 所示。

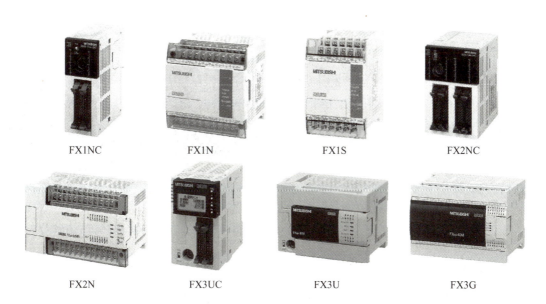

图 0-9　三菱 FX 系列 PLC

1. 三菱 FX 系列 PLC 简介及型号说明

FX 系列 PLC 的型号含义如下：

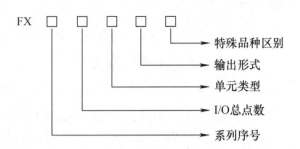

其中，系列序号有 0、2、0S、1S、0N、1N、2N、2NC、3U、3G 等；I/O 总点数为 16～384。单元类型、输出形式及特殊品种区别的字母及其含义见表 0-1。

表 0-1 PLC 型号相关字母及其含义

内容	字母	含义	内容	字母	含义
单元类型	M	基本单元	特殊品种区别	D	DC 电源
	E	输入输出混合扩展单元及扩展模块		A1	AC 电源
	EX	输入专用扩展模块		H	大电流输出扩展模块
	EY	输出专用扩展模块		V	立式端子排的扩展模块
				C	接插口输入、输出方式
输出形式	R	继电器输出		F	输入滤波时间常数为 1ms 的扩展模块
	S	晶闸管输出		L	TTL 输入扩展模块
	T	晶体管输出		S	独立端子（无公共端）扩展模块

如果特殊品种一项无符号，则默认为 AC 电源、DC 输入、横式端子排、标准输出。例如，三菱 FX3U-48MR-A 型表示 FX3U 系列，48 个 I/O 点基本单元，继电器输出，交流电源。

2. FX3U 系列 PLC 简介

FX3U 系列 PLC 如图 0-10 所示。它是三菱公司开发的第三代小型 PLC 系列产品，采用了基本单元加扩展的形式，基本功能兼容了 FX2N 系列的全部功能。

与 FX2N 系列 PLC 相比，FX3U 系列 PLC 的性能特点如下：

1）运算速度提高。FX3U 系列基

图 0-10 三菱 FX3U-48MR 型 PLC

本逻辑控制指令的执行时间由 FX2N 系列的 $0.08\mu s/$ 条提高到了 $0.065\mu s/$ 条，应用指令的执行时间由 FX2N 系列的 $1.25\mu s/$ 条提高到了 $0.642\mu s/$ 条，速度提高了近一倍。

2）I/O点数增加。FX3U系列PLC与FX2N系列一样，采用了基本单元加扩展的结构形式，基本单元本身具有固定的I/O点并且完全兼容FX2N的扩展I/O模块，主机控制的I/O点数为256点，通过远程I/O链接，PLC的最大I/O点数可以达到384点。

3）存储器容量扩大。FX3U系列PLC的用户程序存储器（RAM）的容量可以达到64KB，并可以采用闪存（FlashROM）卡。

4）编程功能增强。FX3U系列PLC的编程元件数量比FX2N系列PLC大大增加，内部继电器达到7680点，状态继电器达到4096点，定时器达到512点，同时还增加了部分应用指令。FX3U系列PLC的基本单元有6种，分别是16、32、48、64、80、128。基本单元为AC电源输入型，输出可以为继电器、晶体管两种类型。

5）高速计数。FX3U系列PLC内置100kHz的6点，同时具备高速计数器与独立3轴100Hz定位控制功能，可以实现简易位置控制功能。

6）通信功能增强。FX3U系列PLC在FX2N系列的基础上增加了RS-442标准接口与网络连接的通信模块，以满足网络连接的需要。同时，通过转换装置还可以使用USB接口。

3. 三菱FX3U系列PLC的外部结构和通信

三菱FX3U系列PLC有多种型号，但是不论哪种型号，PLC的外部结构均基本包括I/O端口、PLC与编程器连接口、PLC执行方式开关、LED指示灯和PLC通信连接与扩展接口等。三菱FX3U系列PLC的外部结构如图0-11所示。

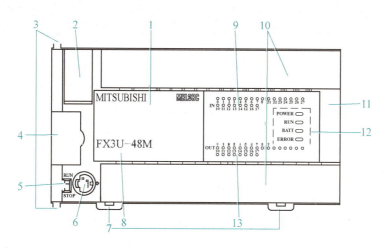

图 0-11　三菱 FX3U 系列 PLC 的外部结构

序号	名称	序号	名称
1	前盖	8	型号显示（简称）
2	电池盖	9	输入显示灯
3	特殊适配器连接用插孔（2处）	10	端子台盖板
4	功能扩展端口部虚拟盖板	11	扩展设备连接用接口盖板
5	RUN/STOP 开关	12	动作状态指示灯
6	外部设备连接用端口	13	输出指示灯
7	DIN 导轨安装用挂钩		

图 0-11   三菱 FX3U 系列 PLC 的外部结构（续）

FX 系列 PLC 通过 PC/PPI 电缆或使用 MPI 卡通过 RS-485 接口与计算机连接，可以实现编程、监控和联网等功能。三菱 FX3U-48MR 系列 PLC 的 I/O 端子排列如图 0-12 所示。

图 0-12   三菱 FX3U-48MR 系列 PLC 的 I/O 端子排列

4. 三菱 FX 系列 PLC 面板上的 LED 指示说明

PLC 上的 LED 指示灯包括 PLC 状态指示灯、输入指示灯及输出指示灯三部分，如图 0-13 所示。

PLC 状态指示灯用于指示 PLC 的工作状态，主要包括 POWER（电源）指示灯、RUN（运行）指示灯、BATT.V（用户程序存储器后备电池状态）指示灯、PROG.E（程序语法出错）指示灯、CPU.E（CPU 出错）指示灯和 ERROR（错误）指示灯。

输入指示灯用于指示各输入接口的状态。

输出指示灯用于指示各输出接口的状态。

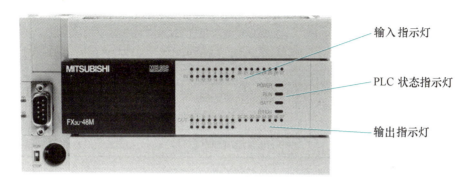

图 0-13 三菱 FX3U 系列 PLC 实物图及面板上的 LED 指示

LED 指示灯常见状况及故障原因见表 0-2。

5. PLC 的编程语言

早期的 PLC 仅支持梯形图编程语言和指令表编程语言，现根据国际电工委员会（IEC）制定 PLC 编程支持的语言包括以下五种：梯形图（LD）语言、指令表（IL）语言、功能模块图（FBD）语言、顺序功能流程图（SFC）语言及结构化文本（ST）语言。

表 0-2 LED 指示灯常见状况及故障原因

LED 指示灯常见状况	故障原因
POWER 指示灯不亮	1. 没有接入电源 2. 电源驱动传感器等时，负载短路或过电流 3. PLC 内部有导电性异物混入，使基础单元内的熔丝熔断
ERROR 指示灯闪烁	1. 程序语法错误 2. PLC 内部有导电性异物混入 3. PLC 附近有噪声干扰
EPROR 指示灯亮	1. PLC 内部有导电性异物混入 2. PLC 附近有噪声干扰 3. 程序运算周期过长（超过 200ms）
ERROR 指示灯亮→闪烁地变化	程序错误
BATT.V 指示灯亮	PLC 内的锂电池寿命将尽（约剩一个月）
PROG.E 指示灯闪烁	1. 程序回路不合理 2. 参数设定出错 3. PLC 附近有噪声干扰

（续）

LED 指示灯常见状况	故障原因
CPU.E 指示灯亮	1. PLC 内部有导电性异物侵入 2. PLC 扫描时超过 100ms 以上 3. 通电中，RAM/EPROM/EEPROM 记忆卡匣被拔下 4. PLC 附近有噪声干扰
输入指示灯时亮时灭	1. 输入开关的额外电流容量过大 2.PLC 内部有导电性异物混入等原因，发生接触不良
输出指示灯不亮	继电器输出触点黏合，或触点接触面不好导致接触不良

（1）梯形图（LD）语言

梯形图语言是 PLC 程序设计最常用的编程语言，它是与继电器电路类似的一种编程语言，如图 0-14 所示。因为从事电气行业的技术人员对继电器控制较为熟悉，所以梯形图编程语言应用比较广泛。其特点如下：

1）直观性、形象性及实用性，与电气原理图相对应。

2）梯形图程序与继电器控制系统类似，电气从业人员易于掌握。

3）梯形图使用的继电器是由软元件来实现的，使用和修改较为灵活方便。

（2）指令表（IL）语言

指令表编程语言是与汇编语言类似的一种助记符编程语言，由操作码和操作数组成。其特点如下：

1）采用助记符表示操作功能，容易记忆，便于掌握。

2）在 PLC 编程软件中可以与梯形图相互转换，部分软件（如三菱的 GX-Works2）没有这个功能。

```
     X001
0   ──┤├──────────────────────────────────────────────────(M3  )

     M3   Y001
2   ──┤├───┤├─────────────────────────────────────────────(M4  )

     M3   M4
5   ──┤├───┤/├─────────────────────────────────────────────(Y001)
   ┌─┤├─┐
     Y001
```

图 0-14　梯形图语言

3）在手持编程器的键盘上采用助记符表示，在无计算机的场合可实现编程设计。

（3）功能模块图（FBD）语言

功能模块图语言是与数字逻辑电路类似的一种 PLC 编程语言，如图 0-15 所示，有数字电路基础的人比较容易掌握。其特点如下：

1）以功能模块为单位，分析、理解、控制方式简单容易。

2）功能模块用图形的形式表达功能，直观性强，易操作。

3）由于功能模块图能够清楚表达功能关系，可使编程、组态及调试时间大大减少。

图 0-15　功能模块图语言

（4）顺序功能流程图（SFC）语言

顺序功能流程图（也称状态转移图）语言是为了满足顺序逻辑控制而设计的编程语言，如图 0-16 所示，具有图形表达方式，能较简单和清楚地描述并发系统和复杂系统的所有现象，能在模型的基础上直接编程。其特点如下：

1）以功能为主线，按照功能流程的顺序分配，条理清楚，便于对用户程序的理解。

2）对于大型的程序可分工设计，采用较为灵活的程序结构，可节省程序设计时间和调试时间。

（5）结构化文本（ST）语言

结构化文本语言是用结构化的描述文本来描述程序、类似于高级语言的一种编程语言，如图 0-17 所示。在大中型

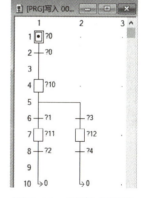

图 0-16　顺序功能流程图语言

PLC 系统中常采用结构化文本来描述控制系统中各个变量的关系，完成所需的功能或操作。其特点如下：

1）采用高级语言进行编程，可以完成较为复杂的控制运算。

2）要求较高，需要有一定的计算机高级语言知识和编程技巧。

3）因为直观性和操作性较差，常用于其他编程语言较难实现的用户程序的编制。在 GX Developer 中，不能对 FX 系列使用 ST 语言，只能对 Q 系列使用，且必须在安装 GX Developer 时选择使用 ST 语言选项。

在 PLC 控制系统设计中，不同型号的 PLC 编程软件对以上五种编程语言的支持是不同的，所以不但需要了解 PLC 的硬件性能，也要了解 PLC 对编程语言支持的种类。

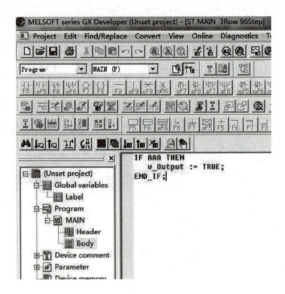

图 0-17　结构化文本语言

模块一

PLC 专项应用

项目一　PLC 控制电动机点动运行

在机床刀架、横梁、立柱等快速移动和机床对刀等场合，常需要按下按钮，电动机就起动运转；松开按钮，电动机就停止运转，这种运转方式称为点动。图 1-1 所示为钻床摇臂的上升下降，如何实现这种"一点就动，松开就停"的点动控制方式呢？

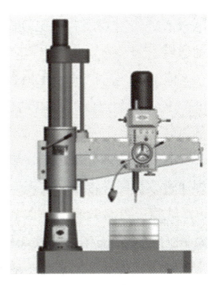

图 1-1　钻床摇臂的上升下降

一、项目引入

在生产实际中，实现电动机点动控制的方式有两种：一种是继电器控制方式，在电力拖动课程中已经学习；另一种是 PLC 控制方式，将在本项目中重点学习。

二、项目目标

1. 理解电动机点动控制的工作原理。
2. 掌握 PLC 的编程元件 X、Y 的使用方法。
3. 掌握 PLC 的基本逻辑指令 LD/LDI/OUT、END 的使用方法。
4. 学会安装、调试 PLC 控制电动机点动运行控制电路。
5. 培养学生的安全、节约意识。

三、项目分析

工作要求：钻床摇臂能够受到按钮的控制，当按下向下按钮时，摇臂下行，松开按钮时停止；按下向上按钮时，摇臂上行，松开按钮时停止。

像钻床摇臂升降这样，按钮"一点就动，松开就停"的电动机控制方式称为点动。根据分析，钻床摇臂需要安装上、下两个方向上的点动控制电路，其控制方式是相同的。

四、知识准备

点动控制电路在电力拖动控制中是最基本的电路。

（一）电动机点动运行电路的工作原理

继电器控制的电动机点动运行的电气原理图如图 1-2 所示，包括主电路和控制电路。

继电器控制电动机点动运行的工作原理：先合上电源开关 QF。

起动：按下 SB→KM 线圈得电→KM 主触点闭合→电动机 M 起动运转。

停止：松开 SB→KM 线圈失电→KM 主触点断开→电动机 M 断电停转。

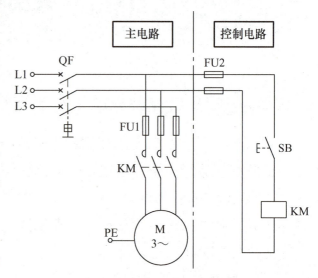

图 1-2　继电器控制电动机点动运行电气原理图

由工作原理分析可知，继电器控制的电路完全由低压电器实现，改变功能必须通过改变硬件接线来实现，若是复杂的控制电路，实现起来会非常麻烦。

注意： PLC 使用软件编程控制电动机运行，当需要改变电路功能时，只需改写 PLC 程序，而不需要大改硬件电路，因此可以大大节约设备改造的时间，提高生产效率，这也是越来越多地使用 PLC 进行自动控制的重要原因。

（二）PLC 控制的编程元件 X、Y

图 1-1 所示的钻床摇臂是电动机点动运行的典型应用，交流接触器是进行继电器接触控制的主要元件。三菱 FX 系列 PLC 内部的编程元件称为软元件，可作为继电器、定时器、计数器等使用，它们与实际的低压电器元件有很大的差别，也称之为"软继电器"。这些"软继电器"并不是实际的物理器件，而是由电子电路和存储器组成的模拟器件。

三菱 FX 系列 PLC 的编程元件有输入继电器（X）、输出继电器（Y）、辅助继电器（M）、定时器（T）、计数器（C）、状态继电器（S）及数据寄存器（D）等。下面介绍本项目用到的输入继电器和输出继电器。

1. 输入继电器（X）

输入继电器常使用字母 X 进行标识，与 PLC 的输入端子相连。它将外部输入的开关量信号状态读入，并存储在输入映像寄存器中。外接端子可以为常开触点、常闭触点或者多个触点组成的串并联电路，其编号按照八进制排列，如 X000 ～ X007、X010 ～ X017、X020 ～ X027。在梯形图中，输入继电器的常开和常闭触点的使用次数不限，但是不能出现输入继电器的线圈。

2. 输出继电器（Y）

输出继电器常使用字母 Y 进行标识，与 PLC 的输出端子相连。它将 PLC 的输出信号传送给输出模块，再由后者驱动外部的继电器、接触器、指示灯等负载。外接端子也是八进制编号，在梯形图中，输出继电器的常开和常闭触点的使用次数不限，但要注意不能双线圈输出。

（三）PLC 的基本逻辑指令

基本逻辑指令是 PLC 中最基本的编程语言，掌握了它也就初步掌握了 PLC 的使用方法，各种型号 PLC 的基本逻辑指令大同小异。

1. 取指令与线圈输出指令 LD/LDI/OUT

LD/LDI/OUT 指令的功能、梯形图表示形式及操作元件见表 1-1。

表 1-1　LD/LDI/OUT 指令的功能、梯形图表示形式及操作元件

符号	功能	梯形图表示形式	操作元件
LD（取）	常开触点，与母线相连	⊢⊣ ⊢	X，Y，M，T，C，S
LDI（取反）	常闭触点，与母线相连	⊢⊣／⊢	X，Y，M，T，C，S
OUT（输出）	线圈驱动	⊢（　）	Y，M，T，C，S，F

LD 与 LDI 指令用于与母线相连的触点，此外还可用于分支电路的起点。

OUT 指令是线圈的驱动指令，可用于输出继电器、辅助继电器、定时器、计数器、状态寄存器等，但不能用于输入继电器。输出指令用于并行输出，能连续使用多次。

取指令与线圈输出指令的使用如图 1-3 所示。

2. 程序结束指令 END

END 指令的功能、梯形图表示形式及操作元件见表 1-2。

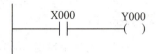

地址	指令	数据
0000	LD	X000
0001	OUT	Y000

图 1-3　取指令与线圈输出指令的使用

表 1-2　END 指令的功能、梯形图表示形式及操作元件

符号（名称）	功能	梯形图表示形式	操作元件
END（结束）	程序结束	——［END］	无

在程序结束处写上 END 指令，PLC 只执行第一步至 END 之间的程序，并立即输出处理。若不写 END 指令，PLC 将从用户存储器的第一步执行到最后一步，因此，使用 END 指令可缩短扫描周期。另外，在调试程序时，可以将 END 指令插在各程序段之后，分段检查各程序段的动作，确认无误后，再依次删去插入的 END 指令。

五、器材准备

本项目所需元器件见表 1-3。

表 1-3　元器件选用表

符号	名称	型号	规格	数量
M	三相异步电动机	Y132M-4	7.5kW、380V、15A、△联结	1
QF	低压断路器	NXB-63 3P C25	三极，额定电流 25A	1
FU1	插入式熔断器	RT18-32/20	500V、32A，熔体：20A	3
FU2	插入式熔断器	RT18-32/2	500V、32A，熔体：2A	1
KM	交流接触器	CJX2S-25	380V、25A	1
SB	按钮	LA10-3H	保护式、按钮数 3	1
XT1、XT2	端子排	TD-20/15	20A、15 节	2
PLC	可编程序控制器	FX3U-48MR		1
	网孔板	通用	650mm×500mm×50mm	1
	电工工具	通用	包含万用表、螺钉旋具、剥线钳等	1

注：1. 在继电器控制电动机运行的电路中，控制电路使用的是 220V 电压，因此选择接触器型号时要注意使用场所，根据要求进行选择。

　　2. 熔断器装在相线上，中性线不允许装熔断器。

六、项目实施

（一）确定 I/O 分配表

由项目分析可知，电动机点动控制系统 I/O 分配表见表 1-4。

表 1-4　电动机点动控制系统 I/O 分配表

输入（I）		输出（O）	
设　备	端口编号	设　备	端口编号
点动按钮 SB	X000	KM	Y000

（二）画出 PLC 的外部接线图

电动机点动运行 PLC 外部接线如图 1-4 所示。

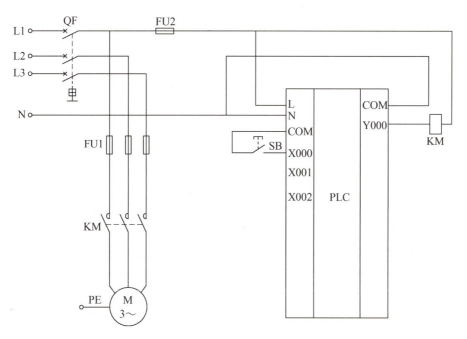

图 1-4　电动机点动运行 PLC 外部接线图

（三）按照接线图完成接线

1. 安装元器件

用 PLC 实现电动机的点动控制，在网孔板上将元器件按图 1-5 所示摆放，安装前检查元器件，并用螺钉进行固定。

2. 完成接线

由接线图可知，PLC 点动控制的主电路安装与继电器控制的电路相同，不再赘述。不同的是要用 PLC 改造控制电路。先连接 PLC 的输入和输出端元器件，再连接电动机和按钮，最后连上电源，注意不能带电操作。实物接线图如图 1-6 所示，电气安装接线图如图 1-7 所示。

（四）编写梯形图程序

步骤 1：把图 1-2 中的控制电路逆时针转 90°。

步骤 2：把梯形图的左母线和右母线当成相线和中性线，按从左向右的顺序编

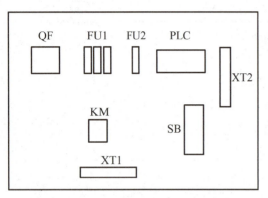

图 1-5 元器件布置图

图 1-6 PLC 控制电动机点动运行
实物接线图

PLC 控制电
动机点动运
行接线

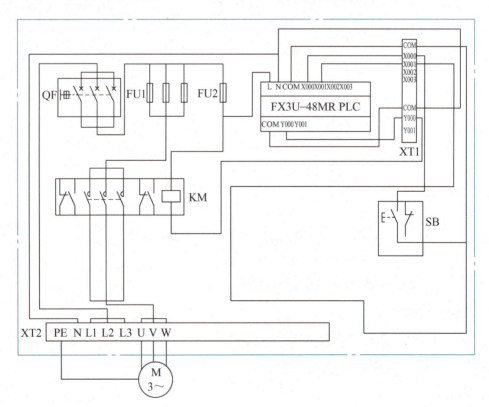

图 1-7 PLC 控制电动机点动运行电气安装接线图

写梯形图，如图 1-8 所示，即点动控制梯形图，对应的指令参照表见表 1-5。

PLC 梯形图
程序编写

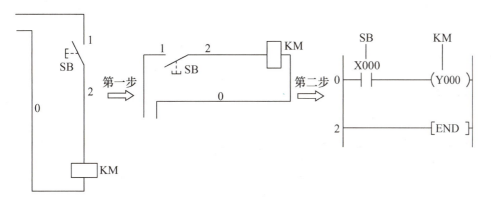

图 1-8　点动控制的梯形图

（五）程序调试

1）编写程序。编程时选择的型号与实际的 PLC 型号一定要相对应。

2）核对外部接线。确保 PLC 的工作电压为额定工作电压，与计算机通信联机正常。

3）程序写入 PLC。写入时要把运行选择开关置于停止位置。

4）空载调试。不接通主电路电源，不接电动机。参照表 1-6 观察 PLC 运行是否正常。

表 1-5　PLC 点动控制指令参照表

序号	指令	数据
0	LD	X000
1	OUT	Y000
2	END	

表 1-6　PLC 实现点动控制调试参照表

操作步骤	空载调试	系统调试	
	PLC 输出指示	接触器	电动机
按下 SB	Y000 点亮	KM 吸合	起动运行
松开 SB	Y000 熄灭	KM 断开	停止运行

5）系统调试。接通主电路电源，连接电动机。观察接触器 KM 和电动机动作是否符合控制要求，调试情况参照表 1-6 进行记录。如不符合要求则检查接线及 PLC 程序，直至按要求运行。

七、项目拓展

PLC 梯形图程序写入过程如下。

1. 启动三菱编程软件

启动 GX Developer 软件，如图 1-9 所示，即单击"开始"菜单，选择"程序"→"MELSOFT 应用程序"→"GX Developer"命令，或者双击桌面上的图标

图 1-9　启动 GX Developer 软件

2. 创建新工程

GX Developer 启动后，若编辑区域呈灰色，如图 1-10 所示，则说明无法编辑，因为工程还没有创建。创建新工程的方法如下：

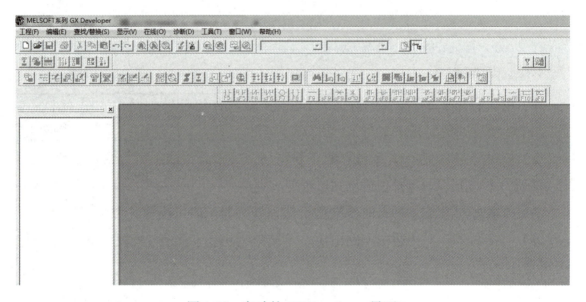

图 1-10　启动的 GX Developer 界面

1）单击工具栏"新建"按钮"□"，弹出如图 1-11 所示的对话框。

2）对话框中的"PLC 系列"选项选择"FXCPU"，即选择三菱小型机系列。

3）"PLC 类型"选项选择"FX3U（C）"，即选择 FX3U 系列 PLC。

4）"程序类型"选择"梯形图"。

5）单击"确定"按钮，则原来呈现灰色的编辑区变成白色。至此，一个新的工程创建完成。

3. 梯形图编辑界面介绍（见图 1-12）

1）文件名。新建文件并保存后，在编辑界面顶端会显示该文件名。

2）编辑区。编辑区用来显示编程操作的工作对象。可以使用梯形图和指令表的方式进行编辑工作。

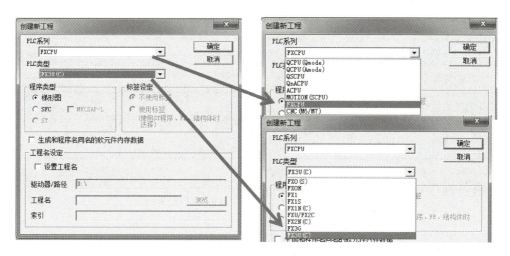

图 1-11 "创建新工程"对话框

3）状态栏。编辑区下面是状态栏，用于表示 PLC 类型（如 FX2N），软件的应用状态（如写入状态）和所处的程序步数。

4）功能键。功能键是绘制梯形图的图形符号库，含有各种梯形图的图形符号。

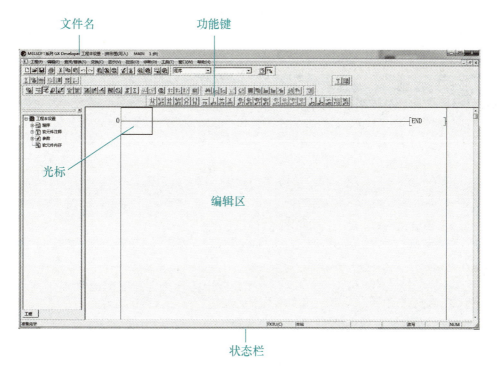

图 1-12 梯形图的编辑界面

4. PLC 常用软件符号（见表 1-7）

表 1-7   PLC 常用软件符号

名称	继电器的电气符号	PLC 软元件符号
常开触点	 ─╱─	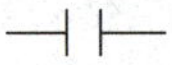 ─┤├─
常闭触点	 ─╲─	 ─┤╱├─
线圈	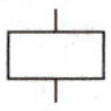 ─[ ]─	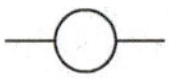 ─○─

5. 编写程序

写入梯形图程序的步骤如下。

1）直接写入 "LD X0" 指令，如图 1-13 所示。

图 1-13   直接写入 "LD X0" 指令

2）单击 "确定" 按钮或按 <Enter> 键后完成 "LD X0" 指令的写入，如图 1-14 所示。

图 1-14   完成 "LD X0" 指令的写入

3）写入 "OUT Y0" 指令，如图 1-15 所示。

图 1-15   写入 "OUT Y0" 指令

4）单击"确定"按钮或按 <Enter> 键后完成"OUT Y0"指令的写入，如图 1-16 所示。

图 1-16　完成"OUT Y0"指令的写入

6. 程序变换

程序变换就是将已经编辑好的梯形图程序变换成能够被 PLC 中 CPU 识别的程序，以便写入 PLC 并被 PLC 执行。

程序变换的方法有两种。一是单击"变换"菜单，选择"变换"指令或直接按 <F4> 键，如图 1-17 所示；二是单击变换按钮" "。程序变换后，编辑界面中的灰色将退去，如图 1-18 所示。

图 1-17　程序变换方式

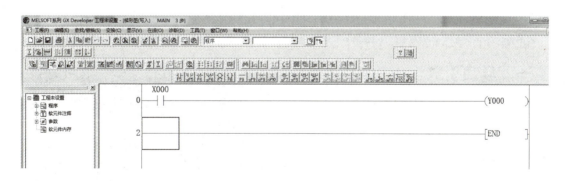

图 1-18　变换后的编辑界面

7. 程序写入

程序编辑完成后经过变换，需下载到 PLC 中运行，这时单击"在线"菜单，在下拉子菜单中选择"PLC 写入"命令，即可将编辑完成的程序下载到 PLC 中，如图 1-19 所示。

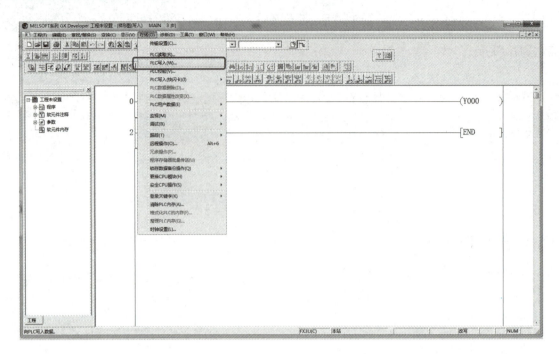

图 1-19　程序写入

项目二　PLC 控制电动机连续运行

连续运行是电动机最基本的控制之一，也是电动机其他控制电路的基础。我们守正创新将 PLC 加入到电动机控制系统中，由 PLC 内部程序控制电动机的动作，能够节省导线的用量，保护生态环境，提高实际工作效率。

一、项目引入

某公司为了提高货物搬运的效率，要配置一条简易传送带，如图 2-1 所示。要求按下起动按钮，传送带运行，对货物进行输送；按下停止按钮，传送带停止。请用 PLC 来实现传送带的单向连续运行。

图 2-1　传送带

二、项目目标

1. 理解电动机连续运行控制的工作原理。

2. 掌握 PLC 的基本逻辑指令 AND/ANI、OR/ORI 和编程元件 M 的使用方法。

3.理解将继电器控制电路变换为 PLC 梯形图的方法。

4.学会安装、调试 PLC 控制电动机连续运行控制电路。

5.培养学生的安全、节约意识。

三、项目分析

传送带运行是电动机连续运行的典型应用。SB1 为传送带的起动按钮，SB2 为传送带的停止按钮，KM 是实现传送带单向运行的交流接触器。

四、知识准备

（一）继电器控制的电动机连续运行电气原理图（见图 2-2）

电路的工作原理如下：合上电源开关 QF。

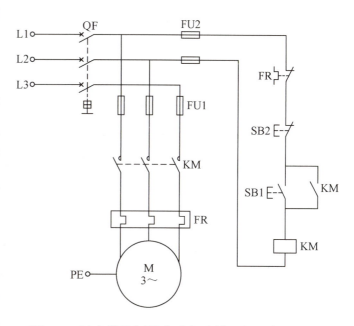

图 2-2 继电器控制的电动机连续运行电气原理图

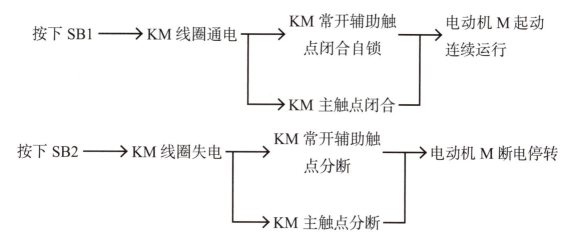

注意：这种在起动按钮两端并联继电器或接触器常开辅助触点的电路称为自锁电路，它可以使继电器或接触器的线圈持续通电。

（二）PLC 的基本逻辑指令和编程元件 M

1. 串联指令 AND/ANI、并联指令 OR/ORI

AND/ANI、OR/ORI 指令的功能、梯形图表示形式及操作元件见表 2-1。

表 2-1 AND/ANI、OR/ORI 指令的功能、梯形图表示形式及操作元件

符号（名称）	功能	梯形图表示形式	操作元件
AND（与）	常开触点串联	⊢⊢———⊢⊢—	X，Y，M，T，C，S
ANI（与非）	常闭触点串联	⊢⊬———⊬⊢—	X，Y，M，T，C，S
OR（或）	常开触点并联		X，Y，M，T，C，S
ORI（或非）	常闭触点并联		X，Y，M，T，C，S

　　AND/ANI 指令用于触点的串联，但串联触点的数量不限，这两个指令可连续使用。OR/ORI 指令用于触点的并联。AND/ANI、OR/ORI 指令的使用如图 2-3 所示。

2. PLC 的编程元件 M

　　辅助继电器 M 相当于继电器控制系统中的中间继电器，只起到中间状态的暂存作用。它既不能接收外部的输入信号，也不能直接驱动外部负载，负载只能由输出继电器的外部触点驱动。辅助继电器的常开与常闭触点在 PLC 内部编程时可无限次使用。辅助继电器可分为通用辅助继电器、停电保持辅助继电器和特殊辅助继电器。其编号用十进制数表示。

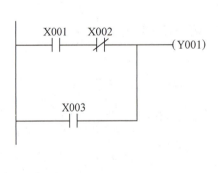

地址	指令	数据
0002	LD	X001
0003	ANI	X002
0004	OR	X003
0005	OUT	Y001

图 2-3 AND/ANI、OR/ORI 指令的使用

　　（1）通用辅助继电器（M0 ～ M499）

　　FX3U 系列 PLC 有 M0 ～ M499 共 500 个通用辅助继电器，都是非停电保持型，即 PLC 运行时，如果电源突然断电，则全部线圈均为 OFF 状态。当电源再次接通时，除了因外部输入信号而变为 ON 状态的以外，其余的仍保持 OFF 状态。

通用辅助继电器常用于逻辑运算中的辅助运算、状态暂存、移位等。根据需要可通过程序设定将 M0～M499 变为停电保持辅助继电器。

（2）停电保持辅助继电器（M500～M3071）

FX3U 系列 PLC 有 M500～M3071 共 2572 个停电保持辅助继电器，其中 M500～M1023 可由软件将其设定为通用辅助继电器，M1024～M3071 是停电保持专用，不可更改，复位时需使用 RST 指令或 ZRST 指令。停电保持辅助继电器具有断电保护功能，能记忆电源中断瞬时的状态，并在重新通电后再现其状态。它之所以能在电源断电时保持其原有的状态，是因为电源中断时用 PLC 中的蓄电池保持了其映像寄存器中的内容。

（3）特殊辅助继电器（M8000～M8255）

FX3U 系列 PLC 有 M8000～M8255 共 256 个特殊辅助继电器，但其中有些元件编号没有定义，不能使用。特殊辅助继电器是具有特定功能的辅助继电器，根据使用方式可分为触点型和线圈型两类。

1）触点型：其线圈由 PLC 自动驱动，用户只可使用其触点。常用作时基、状态标志或专用控制组件出现在程序中。例如：

M8000——上电一直 ON 标志；

M8001——上电一直 OFF 标志；

M8002——上电 ON 一个扫描周期标志；

M8003——上电 OFF 一个扫描周期标志；

M8004——PLC 出错；

M8005——PLC 备用电池电量低标志；

M8011——10ms 时钟脉冲；

M8012——100ms 时钟脉冲；

M8013——1s 时钟脉冲；

M8014——1min 时钟脉冲。

2）线圈型：由用户程序驱动线圈后 PLC 执行特定的动作。例如：

M8030——电池欠电压 LED 灯灭；

M8033——存储器保持；

M8035——强制 RUN 方式；

M8036——强制 RUN 信号；

M8037——强制 STOP 信号；

M8039——定时扫描方式。

五、器材准备

本项目所需元器件见表 2-2。

表 2-2　元器件选用表

符号	名称	型号	规格	数量
M	三相异步电动机	Y132M–4	7.5kW、380V、15A、△联结	1
QF	低压断路器	NXB–63 3P C25	三极，额定电流 25A	1
FU1	插入式熔断器	RT18–32/20	500V、32A，熔体：20A	3
FU2	插入式熔断器	RT18–32/2	500V、32A，熔体：2A	1
KM	交流接触器	CJX2S–25	380V、25A	1
FR	热继电器	JR36–20	三极，整定电流 20A	1
SB1、SB2	按钮	LA10–3H	保护式、按钮数 3	1
XT1、XT2	端子排	TD–20/15	20A、15 节	2
PLC	可编程序控制器	FX3U–48MR		1
	网孔板	通用	650mm×500mm×50mm	1
	电工工具	通用	包含万用表、螺钉旋具、剥线钳等	1

六、项目实施

（一）确定 I/O 分配表

由项目分析可知，电动机连续运行控制系统 I/O 分配表见表 2-3。

表 2-3　电动机连续运行控制系统 I/O 分配表

输入（I）		输出（O）	
设备	端口编号	设备	端口编号
传送带起动按钮 SB1	X000	KM	Y000
传送带停止按钮 SB2	X001		
过载保护 FR	X002		

（二）画出 PLC 的外部接线图

电动机连续运行 PLC 外部接线如图 2-4 所示。

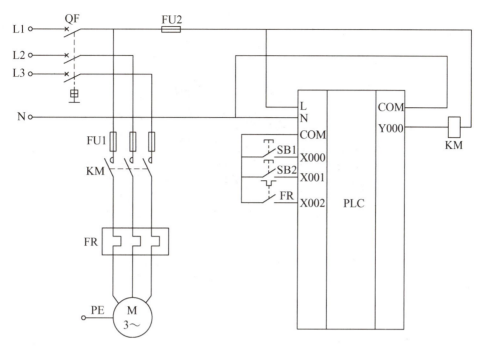

图 2-4　电动机连续运行 PLC 外部接线图

（三）按照接线图完成接线

1. 安装元器件

用 PLC 实现电动机的连续运行，在网孔板上将元器件按图 2-5 所示摆放，安装前检查元器件，并用螺钉进行固定。

2. 完成接线

由接线图可知，PLC 控制电动机连续运行的主电路安装与继电器控制的电路相同，不同的是要用 PLC 改造控制电

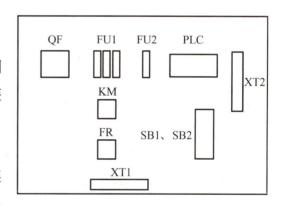

图 2-5　元器件布置图

路。连接 PLC 的输入、输出端元器件，再连接 PLC 的电源，在主电路中接入电动机，注意不能带电操作。实物接线图如图 2-6 所示。电气安装接线图如图 2-7 所示。

（四）编写梯形图程序

步骤 1：把图 2-2 中的控制电路逆时针转 90°。

步骤 2：把梯形图的左母线和右母线当成相线和中性线，按从左往右的顺序编写梯形图，如图 2-8 所示，即连续运行控制梯形图。对应的指令参照表见表 2-4，

写入时要把 PLC 运行选择开关置于停止位置。

PLC 控制电动机
连续运行接线

图 2-6　PLC 控制电动机连续运行实物接线图

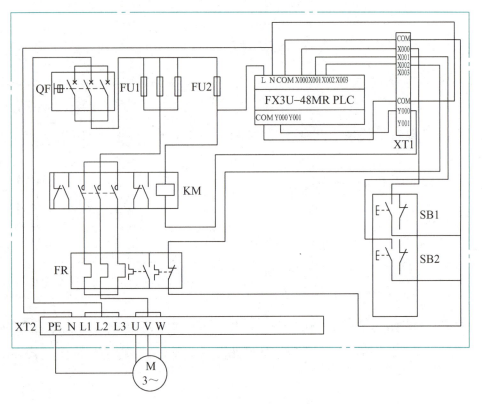

图 2-7　PLC 控制电动机连续运行电气安装接线图

（五）程序调试

1）编写程序。编程时选择的型号与实际的 PLC 型号一定要相对应。

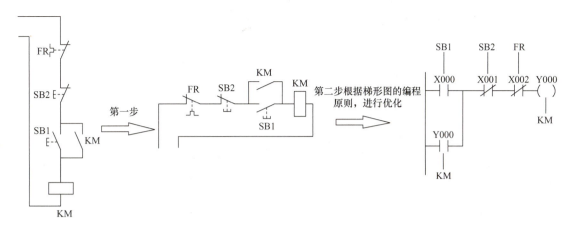

图 2-8　电动机连续运行控制的梯形图

2）核对外部接线。确保 PLC 的工作电压为额定工作电压，与计算机通信联机正常。

3）程序写入 PLC。写入时要把运行选择开关置于停止位置。

4）空载调试。不接通主电路电源，不接电动机。参照表 2-5 观察 PLC 运行是否正常。

表 2-4　PLC 控制电动机连续运行指令参照表

序号	指令	数据
0	LD	X000
1	OR	Y000
2	ANI	X001
3	ANI	X002
4	OUT	Y000
5	END	

表 2-5　PLC 控制电动机连续运行调试参照表

操作步骤	空载调试	通电试车	
	PLC 输出指示	接触器 KM	电动机
按下 SB1	Y000 点亮	吸合	起动
松开 SB1	Y000 继续点亮	继续吸合	连续运行
按下 SB2	Y000 熄灭	断开	停止转动

5）系统调试。接通主电路电源，观察接触器 KM 和电动机动作是否符合控制要求，按下传送带起动按钮 SB1，接触器线圈吸合得电，电动机运行。按下停止按钮 SB2 或断开热继电器 FR 常闭触点，电动机都应无条件停止运行。再按下起动按钮 SB1，又重新起动运行。调试情况参照表 2-5 进行记录。如不符合功能测试要求则检查接线及 PLC 程序，直至按要求运行。

七、项目拓展

在金属切割过程中，调整刀具的位置常用到电动机的点动运行，刀具加工工件则用到了电动机的连续运行，点动与连续控制是三相异步电动机的基本控制，当继电器控制的电动机连续运行电路两端并接一个复合按钮，电动机就可以实现点动与连续两种控制。其电气原理图如图 2-9 所示。

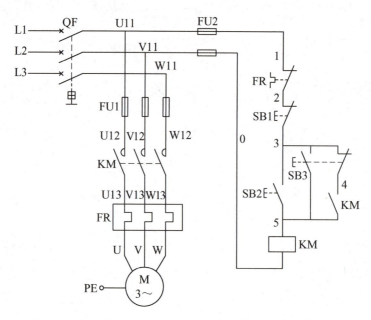

图 2-9　电动机点动与连续运行继电器控制电气原理图

PLC 控制的电动机点动与连续运行外部接线如图 2-10 所示，参考程序如图 2-11 所示。

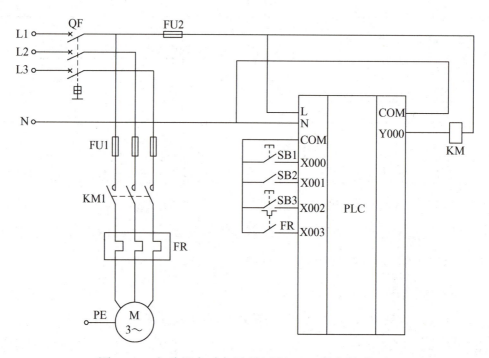

图 2-10　电动机点动与连续运行 PLC 外部接线图

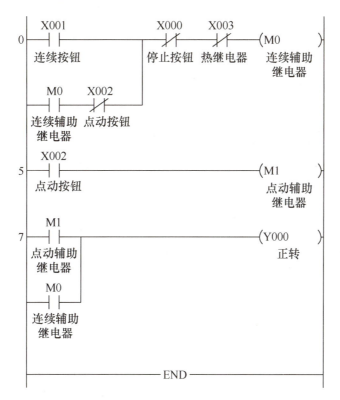

图 2-11　电动机点动与连续运行控制程序

项目三　PLC 控制电动机正、反转运行

在实际生产中，生产机械往往要求实现正、反两个方向的运行。例如，升降机的上升与下降、机床工作台的前进与后退等，实现这些控制就要求电动机可以实现正、反两个方向的转动。

一、项目引入

停车库的自动卷帘门一般采用按钮操作的自动控制。当车接近卷帘门时，按下卷帘门开启按钮，卷帘门上升，上升到需要的位置后，按下停止按钮，卷帘门停止上升；开车通过卷帘门后，按下卷帘门关闭按钮，卷帘门下降，按下停止按钮，卷帘门停止下降，如图 3-1 所示。

图 3-1　卷帘门的控制

二、项目目标

1）理解电动机正、反转控制的工作原理。

2）掌握 PLC 梯形图的设计规则及程序编写方法。

3）掌握电动机正、反转 PLC 外部接线及操作。

4）应用 PLC 技术实现对电动机的正、反转控制。

三、项目分析

卷帘门的上升、下降是电动机正、反转的一种典型应用。SB1 为卷帘门上升动作的起动按钮，SB2 为卷帘门下降动作的起动按钮，SB3 为停止按钮。KM1 是实现卷帘门上升的交流接触器，KM2 是实现卷帘门下降的交流接触器，将电路图转换成 PLC 梯形图。

四、知识准备

（一）实现电动机反转的方法

实现卷帘门的上升、下降控制，要求电动机能实现正、反转两个方向运转。当改变通入电动机定子绕组三相电源的相序，即将电动机三相电源进线中的任意两相对调接线，就可以实现电动机反转。

（二）电动机正、反转控制电气原理图

继电器控制的电动机正、反转电气原理图如图 3-2 所示。

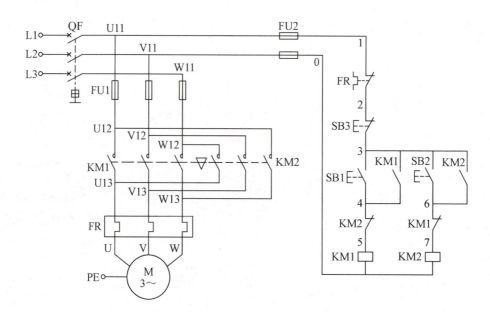

图 3-2　继电器控制的电动机正、反转电气原理图

电路的工作原理如下：合上电源开关 QF。

（1）正转

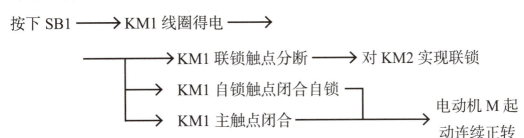

按下 SB1 ——→ KM1 线圈得电 ——→

       ——→ KM1 联锁触点分断 ——→ 对 KM2 实现联锁

       ——→ KM1 自锁触点闭合自锁

       ——→ KM1 主触点闭合 ——————————→ 电动机 M 起动连续正转

（2）停止正转

要使电动机反转，必须先让电动机停止正转。

按下 SB3 ——→ KM1 线圈失电 ——→ KM1 主触点分断 ——→ 电动机停止正转运行

（3）反转

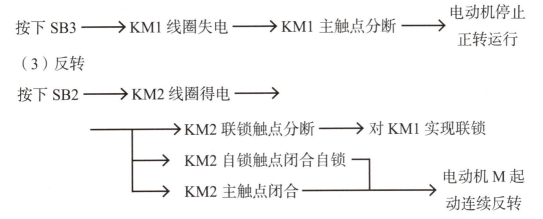

按下 SB2 ——→ KM2 线圈得电 ——→

       ——→ KM2 联锁触点分断 ——→ 对 KM1 实现联锁

       ——→ KM2 自锁触点闭合自锁

       ——→ KM2 主触点闭合 ——————————→ 电动机 M 起动连续反转

（4）停止反转

按下 SB3 ——→ KM2 线圈失电 ——→ KM2 主触点分断 ——→ 电动机停止反转运行

电动机在正转时要切换到反转，必须先按下停止按钮 SB3，再按反转起动按钮 SB2；同样，电动机在反转时要切换到正转，也要先按下 SB3 让电动机停转，再按正转起动按钮 SB1。

注意：将接触器的常闭触点分别与联锁接触器线圈串联，可保证两个或多个继电器不能同时通电，这种安全保护措施称为"联锁"。常用的联锁有接触器联锁、按钮联锁、接触器按钮双重联锁。本项目使用的是接触器联锁。

（三）梯形图的设计规则

1）输入 / 输出继电器、内部辅助继电器、定时器、计数器等器件的触点可以多次重复使用，无需复杂的程序结构来减少触点的使用次数。

2）梯形图中的触点应画在水平线上，而不能画在垂直分支上，如图 3-3a 所示，由于 X005 画在垂直分支上，这样很难判断与其他触点的关系，也很难判断 X005 与输出线圈 Y001 的控制方向，因此应遵从从左至右、自上而下的原则。正确的画法如图 3-3b 所示。

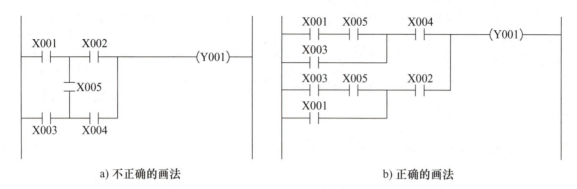

a) 不正确的画法　　　　　　　　　　　　b) 正确的画法

图 3-3　梯形图的画法（一）

3）除了步进程序外，各种继电器线圈都不能直接与左母线相连。如果需要，应加触点，如图 3-4 所示。

图 3-4　梯形图的画法（二）

4）程序的编写顺序应遵从自上而下、从左至右的原则。为了减少程序的执行步数，程序应为左大右小、上大下小。

5）不包含触点的分支应放在垂直方向，不应放在水平线上，如图 3-5 所示，这样可以快速清晰地检查控制电路，以免编程时出错。

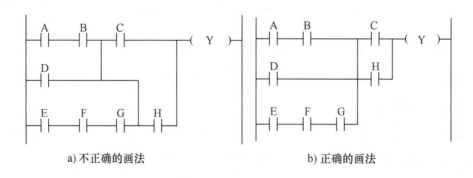

a) 不正确的画法　　　　　　　　　　　　b) 正确的画法

图 3-5　梯形图的画法（三）

6）在有几个串联电路相并联时，应将触点最多的那个串联电路放在梯形图的最上面；在有几个并联电路串联时，应将触点最多的那个并联电路放在梯形图的最左面。这样所编的程序比较明了，使用的指令较少，如图 3-6 所示。

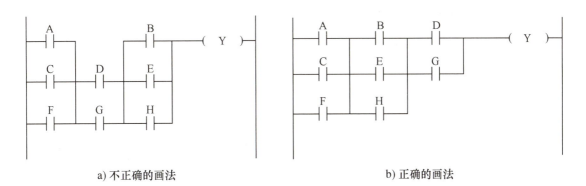

a) 不正确的画法　　　　　　　　　　　b) 正确的画法

图 3-6　梯形图的画法（四）

7）在画梯形图时，不能将触点画在线圈的右边，而只能画在线圈的左边，如图 3-7 所示。

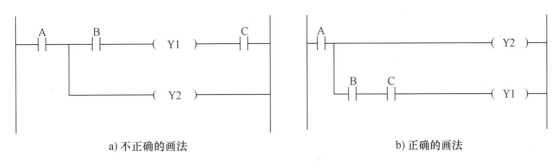

a) 不正确的画法　　　　　　　　　　　b) 正确的画法

图 3-7　梯形图的画法（五）

8）在程序中，不允许同一编号的线圈两次输出，如图 3-8 所示。

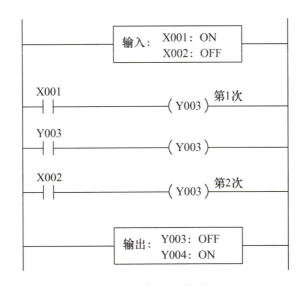

图 3-8　错误的梯形图

注意：若在顺控程序内进行线圈的双重输出（双线圈），则后面的动作优先。双线圈的解决方法如图 3-9 所示。

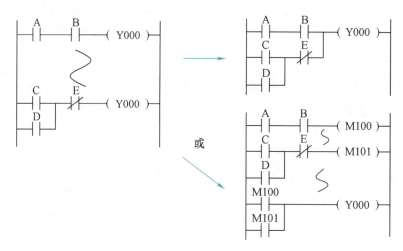

图 3-9　双线圈的解决方法

五、器材准备

本项目所需元器件见表 3-1。

表 3-1　元器件选用表

符号	名称	型号	规格	数量
M	三相异步电动机	Y132M-4	7.5kW、380V、15A、△联结	1
QF	低压断路器	NXB-63 3P C25	三极，额定电流 25A	1
FU1	插入式熔断器	RT18-32/20	500V、32A，熔体：20A	3
FU2	插入式熔断器	RT18-32/2	500V、32A，熔体：2A	1
KM1、KM2	交流接触器	CJX2S-25	380V、25A	2
FR	热继电器	JR36-20	三极，整定电流 20A	1
SB1～SB3	按钮	LA10-3H	保护式、按钮数 3	1
XT1、XT2	端子排	TD-20/15	20A、15 节	2
PLC	可编程序控制器	FX3U-48MR		1
	网孔板	通用	650mm × 500mm × 50mm	1
	电工工具	通用	包含万用表、螺钉旋具、剥线钳等	1

六、项目实施

（一）确定 I/O 分配表

由项目分析可知，电动机正、反转控制 I/O 分配表见表 3-2。

表 3-2　电动机正、反转控制 I/O 分配表

输入（I）		输出（O）	
设备	端口编号	设备	端口编号
卷帘门上升起动按钮 SB1	X000	KM1	Y000
卷帘门下降起动按钮 SB2	X001	KM2	Y001
停止按钮 SB3	X002		
过载保护 FR	X003		

（二）画出 PLC 的外部接线图

电动机正、反转 PLC 外部接线图如图 3-10 所示。

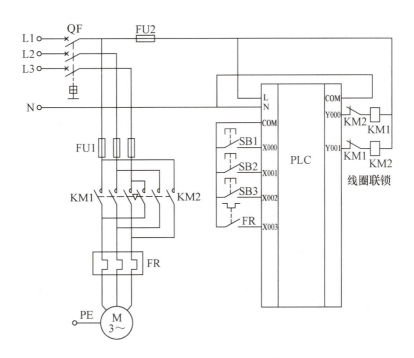

图 3-10　电动机正、反转 PLC 外部接线图

（三）按照接线图完成接线

1. 安装元器件

用 PLC 实现电动机的正、反转控制，在网孔板上将元器件按图 3-11 所示摆放，安装前检查元器件，并用螺钉进行固定。

2. 完成接线

PLC 控制电动机正、反转控制的主电路安装与继电器控制的电路相同，不同的是要用 PLC 改造控制电路。连接 PLC 的输入、输出端元器件，再连接电动机和

按钮，最后连上电源，注意不能带电操作。实物接线图如图 3-12 所示，电气安装接线图如图 3-13 所示。

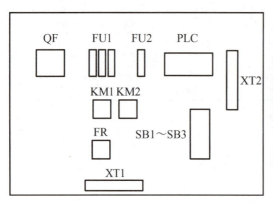

图 3-11 元器件布置图

图 3-12 PLC 控制电动机正、反转实物接线图

PLC 控制
电动机正、
反转接线

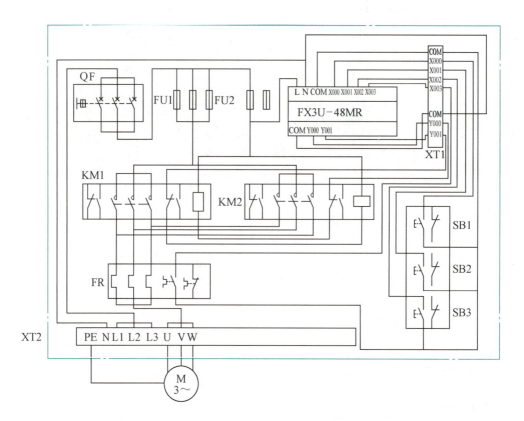

图 3-13 PLC 控制电动机正、反转电气安装接线图

（四）程序编写

前两个项目一直在引导大家将熟悉的继电－接触器控制电路图转换为与原功能相同的 PLC 梯形图，称为转换法，这对熟悉电力拖动的学习者是一种简单快捷

的编程方法。利用转换法设计 PLC 梯形图时，关键是要抓住它们的一一对应关系，即控制功能的对应、逻辑功能的对应以及继电器硬件元件和 PLC 软元件的对应。

根据电气控制电路设计控制程序的步骤如下：

步骤 1：根据电气控制电路定义 PLC 的输入点和输出点（I/O 点分配），见表 3-2。

步骤 2：将继电器控制的电动机正、反转电气原理图中控制电路逆时针旋转 90°，如图 3-14 所示。

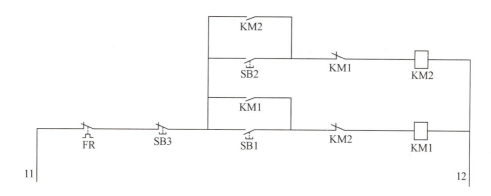

图 3-14 继电器控制的电动机正、反转电气原理图控制电路逆时针旋转 90°

步骤 3：将继电器电路转换成 PLC 的梯形图草图，并将元器件一一对应，如图 3-15 所示。

图 3-15 继电器电路转换成 PLC 梯形图草图

步骤 4：优化梯形图。根据梯形图设计规则中的左大右小、上大下小原则，要将并联的部分向左移动。但是又因为停止按钮 SB3（X002）与热继电器 FR（X003）串联在电路中，所以如果要将多的部分向左移动，应将停止按钮 SB3（X002）与热继电器 FR（X003）分别串联在分支中，如图 3-16 所示。

步骤 5：有时程序编写比较长，有可能会忘记其表述，为了方便查阅，可以为软元件添加注释，以方便查阅、修改程序。添加软元件注释如图 3-17 所示。

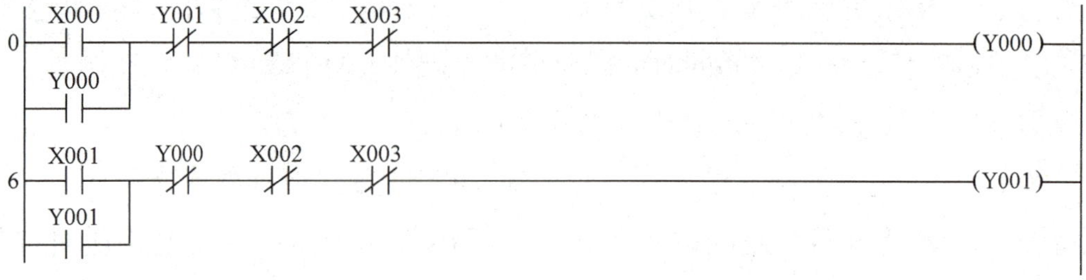

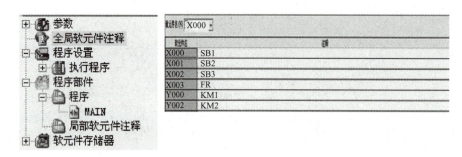

图 3-16　优化好的梯形图

图 3-17　添加软元件注释

步骤 6：编辑完成的梯形图如图 3-18 所示。

注意： 在 PLC 程序控制过程中，不单要在梯形图程序中设置输出线圈和按钮联锁，同时还要在 PLC 外部控制电路中进行硬件继电器常闭辅助触点的硬件联锁。如图 3-10 所示，KM1、KM2 线圈外部接线联锁。若没有"硬件联锁"电路，由于接触器线圈中电感的延时作用，可能会出现接触器主触点瞬间短路的故障，进而导致电源短路事故的发生。

（五）程序调试

1）编写程序。编程时选择的型号与实际的 PLC 型号一定要相对应。

2）核对外部接线。确保 PLC 的工作电压为额定工作电压，与计算机通信联机正常。

3）程序写入 PLC。写入时要把运行选择开关置于停止位置。

4）空载调试。不接通主电路电源，控制电路中不接电动机。参照表 3-3 观察 PLC 运行是否正常。

5）系统调试。接通主电路电源，合上电源开关 QF，按下 SB1，观察接触器 KM1 是否吸合，电动机是否正转，按下 SB3，观察电动机能否停止正转；按下 SB2，观察接触器 KM2 是否吸合，电动机是否反转，按下 SB3，观察电动机能否停止反转。任务验收过程可参照表 3-3 进行观察及记录。如不符合功能测试要求则检查接线及 PLC 程序，直至按要求运行。

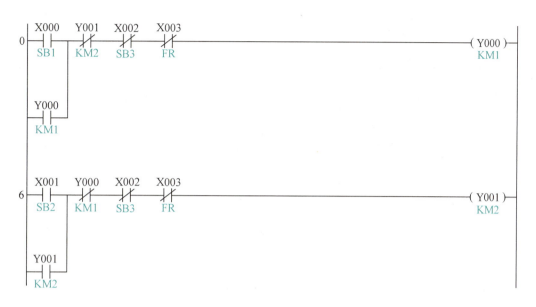

图 3-18　编辑完成的梯形图

表 3-3　PLC 控制电动机正、反转任务验收参照表

操作步骤	空载调试	通电试车	
	PLC 输出指示	接触器	电动机
按下 SB1	Y000 点亮	KM1 吸合	起动正转
松开 SB1	Y000 点亮	KM1 吸合	继续正转
按下 SB3	Y000 熄灭	KM1 断开	停止正转
按下 SB2	Y001 点亮	KM2 吸合	起动反转
松开 SB2	Y001 点亮	KM2 吸合	继续反转
按下 SB3	Y001 熄灭	KM2 断开	停止反转

七、项目拓展

编写小车往返的 PLC 梯形图。

图 3-19 为小车在两点间自动往返运动示意图。继电器控制的小车往返运动电气原理图如图 3-20 所示。

小车往返运动 PLC 控制接线图如图 3-21 所示。

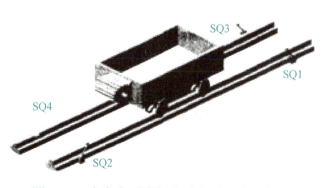

图 3-19　小车在两点间自动往返运动示意图

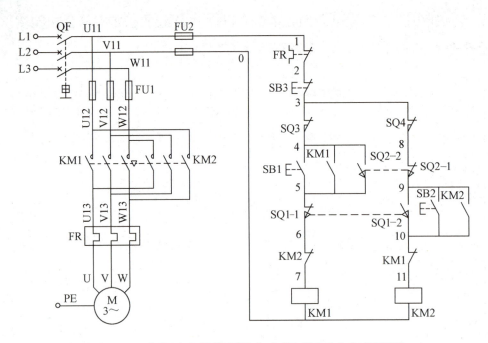

图 3-20　小车继电器控制的小车往返运动电气原理图

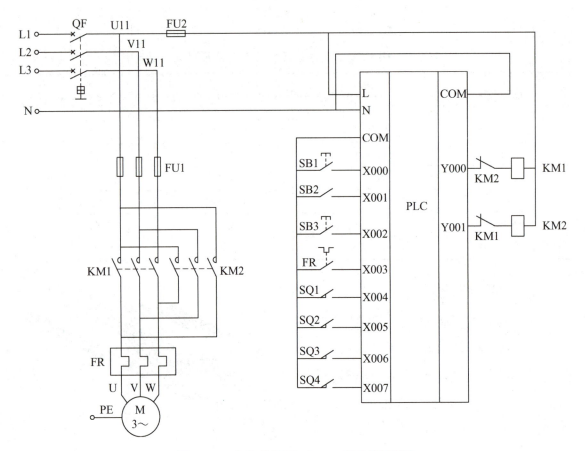

图 3-21　小车往返运动 PLC 控制接线图

PLC 程序编写如图 3-22 所示。

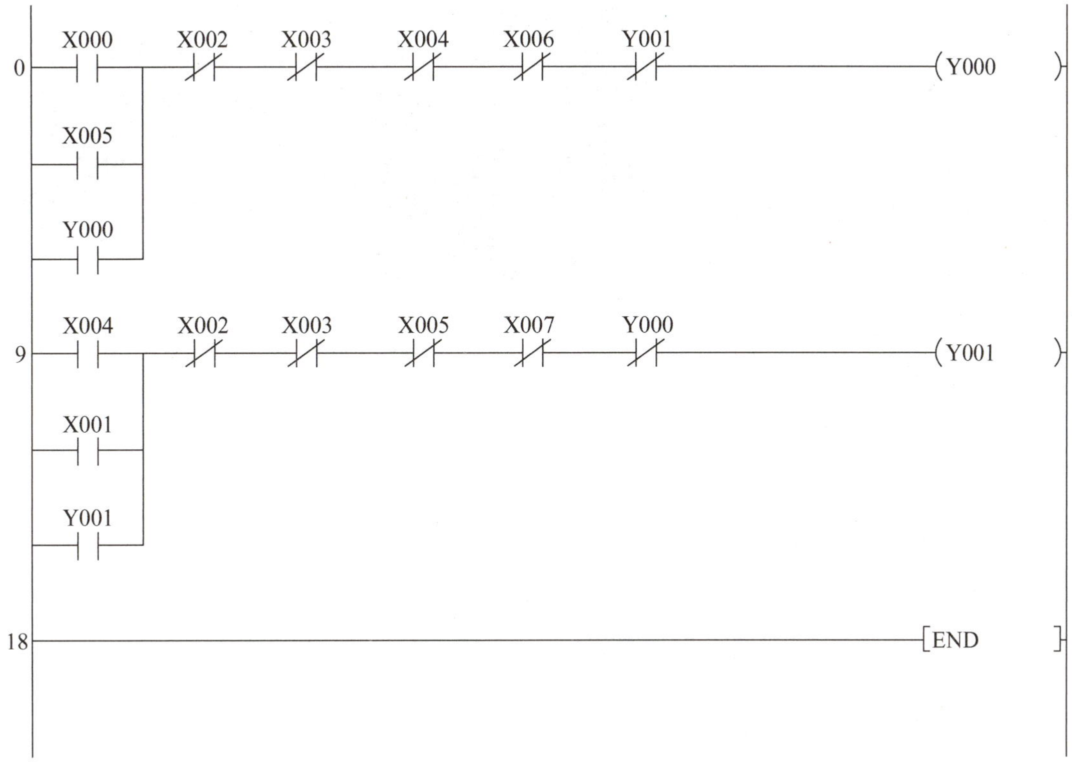

图 3-22 小车往返运动 PLC 程序

项目四 PLC 控制电动机丫–△减压起动

功率小的电动机允许采取直接起动，那么功率较大的电动机如何起动呢？功率较大（一般大于 4kW）的笼型异步电动机因起动电流较大，直接起动时，电流为其标称额定电流的 4 ～ 8 倍，所以一般采用减压起动方式来起动。丫–△减压起动是笼型三相异步电动机常用的起动方法。丫–△减压起动控制是指电动机起动时，使定子绕组接成星形，以降低起动电压，限制起动电流；电动机起动后，当转速上升到接近额定值时，再把定子绕组改接为三角形，使电动机在全电压下运行。丫–△减压起动控制只适用于正常运行为三角形联结的笼型异步电动机，而且只适用于轻载起动。

一、项目引入

某碎石机使用的笼型异步电动机采用丫–△减压起动，如图 4-1 所示。碎石机起动控制电路中有两个按钮，一个是起动按钮，一个是停止按钮。按下起动按钮，碎石机减压起动（定子绕组丫联结），速度低；5s 后自动转换为全电压运行（定子绕组△联结），速度高。按下停止按钮或过载时，电动机无论处于何种状态下都无条件停止运行。

a) 碎石机施工现场　　　　　b) 碎石机

图 4-1　碎石机

二、项目目标

1）理解电动机丫 – △减压起动的工作原理。

2）掌握 PLC 编程元件 T 的使用。

3）掌握 PLC 基本指令 SET、RST 的应用。

4）掌握电动机丫 – △减压起动 PLC 程序的编写。

5）应用 PLC 技术实现对电动机的丫 – △减压起动控制。

三、项目分析

根据项目描述，当按下起动按钮 SB1 时，主接触器 KM 线圈得电并自锁，定时器 T 和减压起动用的接触器 KM丫线圈得电，定子绕组星形联结实现减压起动；当定时器 T 接通并延时 5s 后，KM丫线圈失电，接触器 KM △得电，定子绕组三角形联结电动机全电压运行。在此过程中，按下停止按钮 SB2 或热继电器 FR 发生动作，电动机无条件停止。

从以上分析可知，PLC 外接输入端点有 3 个，分别是起动按钮 SB1、停止按钮 SB2 和热继电器 FR；PLC 输出端点有 3 个，分别是主接触器 KM、星形起动接触器 KMY 和三角形运行接触器 KM △。

四、知识准备

（一）继电器控制的电动机丫 – △减压起动

继电器控制的电动机丫 – △减压起动电气原理图如图 4-2 所示。

电路工作原理如下：

减压起动：合上电源开关 QF。

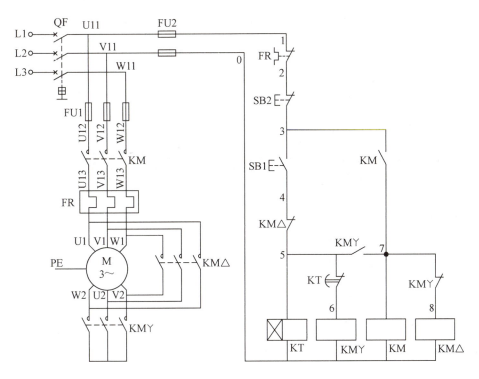

图 4-2　继电器控制的电动机 Y – △减压起动电气原理图

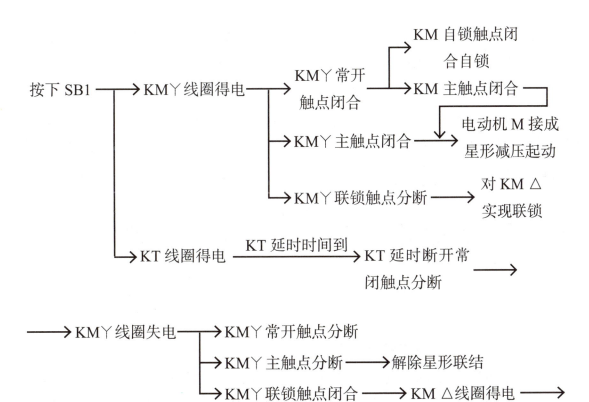

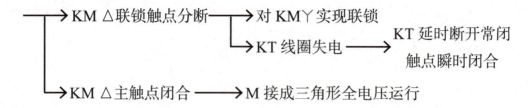

停止时，按下 SB2 即可。

该电路中，接触器 KM丫 得电以后，通过 KM丫 的常开辅助触点使主接触器 KM 得电动作，这样 KM丫 的主触点是在无负载的条件下进行闭合的，故可延长接触器 KM丫 主触点的使用寿命。

（二）PLC 的基本逻辑指令 SET/RST

1. 置位指令 SET

该指令是操作保持指令，其功能是驱动线圈，使其具有自锁功能，维持接通状态，将目标元件置为"1"。SET 指令的操作元件为输出继电器 Y、辅助继电器 M 和状态继电器 S。

2. 复位指令 RST

该指令的功能是使线圈复位，将目标元件复位清零，能用于多个控制场合。RST 指令的操作元件为输出继电器 Y，辅助继电器 M，状态继电器 S，累积定时器 T，数据寄存器 D，变址寄存器 V、Z 和计数器 C。

3. SET 指令和 RST 指令的应用

图 4-3 是使用 SET 和 RST 指令实现的起 – 保 – 停电路。当 X000 闭合时，SET 指令使得线圈 Y000 得电自锁。当 X001 闭合时，RST 指令使得线圈 Y000 复位。

图 4-3　SET 指令和 RST 指令的应用

4. SET 指令和 RST 指令的使用说明

1）SET 指令在线圈接通时就对软元件进行置位，置位后，除非用 RST 指令复位，否则软元件将保持为"1"的状态。同样，RST 指令只要对软元件复位，软元件将保持为"0"的状态，除非用 SET 指令置位。

2）对同一软元件，SET 指令、RST 指令可以多次使用，顺序随意。

3）RST 指令对数据寄存器 D，变址寄存器 V、Z，定时器和计数器 C，不论是保持还是非保持，都可以复位置零。

（三）PLC 的编程元件 T

1. 定时器的类型及应用

定时器相当于时间继电器，应用非常广泛。三菱 FX 系列 PLC 中的定时器 T（T0 ～ T255）为延时接通型，共 256 点，按其编号顺序可分为通用定时器和累积定时器，见表 4-1。

表 4-1　FX 系列 PLC 定时器

名称	通用定时器		累积定时器	
点数	100ms 定时器（T0 ～ T199）	10ms 定时器（T200 ～ T245）	1ms 定时器（T246 ～ T249）	100ms 定时器（T250 ～ T255）
定时范围	0.1 ～ 3276.7s	0.01 ～ 327.67s	0.001 ～ 32.767s	0.1 ～ 3276.7s

定时器 T 的定时设定值由 PLC 程序赋予。其定时设定值可选择直接用常数 K（一般用十进制数，K 的范围为 0 ～ 32767）确定，也可以指定某一具有失电保持数据的寄存器 D 的地址号，该寄存器 D 内存放的数 K（一般用十进制数，K 的范围为 –32768 ～ 32767）作为其设定值。例如，三菱 FX3U 系列 PLC 的定时器 T0 的定时单位为 100ms，若定时设定值 K 为 100，则定时时间 t=100ms × 100=10s。图 4-4a 所示为通用定时器的应用，图 4-4b 所示为累积定时器的应用。

图 4-4a 中 X000 为定时条件，当 X000 接通时，定时器 T0 开始定时。K100 为设定值，T0 为 100ms 定时器，定时时间为 10s。Y1 为定时器的操作对象。当定时时间到，定时器 T0 的常开触点接通，Y001 置 1。T0 为通用定时器（即非累积定时器），在其开始定时且未达到设定值时，定时条件 X000 断开或 PLC 电源停电，定时过程中止且当前值复位（置 0），如图 4-4a 中的波形所示。

若把定时器 T0 换成累积定时器 T255，情况就不一样了。累积定时器在定时条件失去或 PLC 失电时，其当前值寄存器的内容及触点状态均可保持，可累积定时时间。图 4-4b 为累积定时器 T255 的工作梯形图。因累积定时器的当前值寄存器及触点都有记忆功能，其复位时必须在程序中加入专门的复位指令 RST。在图 4-4b 中，X001 即为复位条件。当 X001 接通时，执行"RST T255"指令时，T255 的当前值寄存器及触点同时置 0。

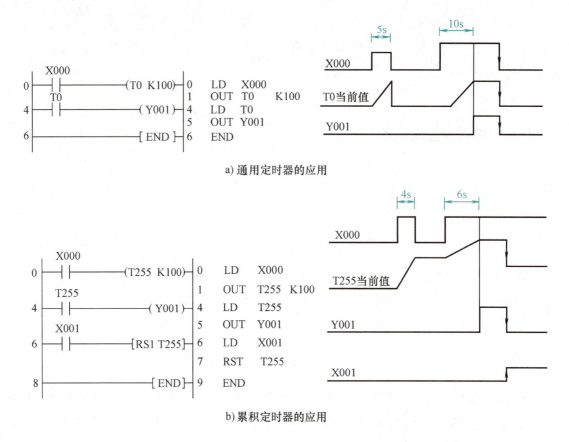

a) 通用定时器的应用

b) 累积定时器的应用

图 4-4　通用定时器及累积定时器的应用

2. 定时器应用拓展

1）延时断开：FX 系列 PLC 中的定时器 T 均为延时接通型，若需要延时断开，则需用程序来实现，如图 4-5 所示。当输入 X001 闭合时，输出 Y001 得电并自锁，同时 X001 常闭触点断开，T1 线圈不能得电；当输入 X001 断开时，X001 的常闭触点恢复闭合，线圈 T1 得电并开始计时，延时 5s 后，T1 的常闭触点断开，Y001 线圈失电断开，从而实现了输入 X001 断开延时 5s 后，输出 Y001 才断开的延时功能。

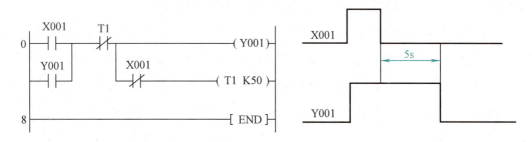

图 4-5　延时断开电路

2）定时器的串级使用：PLC 定时器的定时范围是一定的，其最长设定时间是 3276.7s（T0 ～ T199 或 T250 ～ T255）。若程序设计中需要超出定时范围，则可采用定时器串级的方法实现。图 4-6 所示为定时 1h 控制程序。当输入 X001 闭合时，T1 延时 1800s 后，T1 常开触点闭合，T2 延时 1800s，T2 常开触点闭合，输出 Y001 线圈得电，实现定时 1h（1800s+1800s=3600s）的时间控制程序。

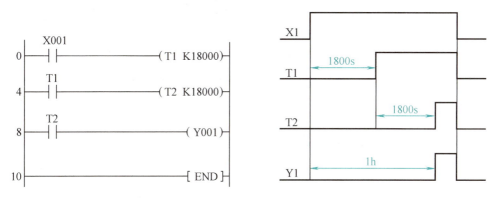

图 4-6　定时 1h 控制程序

五、器材准备

本项目所需元器件见表 4-2。

表 4-2　元器件选用表

符号	名称	型号	规格	数量
M	三相异步电动机	Y132M-4	7.5kW、380V、15A、△联结	1
QF	低压断路器	NXB-63 3P C25	三极，额定电流 25A	1
FU1	插入式熔断器	RT18-32/20	500V、32A，熔体：20A	3
FU2	插入式熔断器	RT18-32/2	500V、32A，熔体：2A	1
KM、KMㄚ、KM△	交流接触器	CJX2S-25	380V、25A	3
FR	热继电器	JR36-20	三极，整定电流 20A	1
SB1、SB2	按钮	LA10-3H	保护式、按钮数 3	1
XT1、XT2	端子排	TD-20/15	20A、15 节	2
PLC	可编程序控制器	FX3U-48MR		1
	网孔板	通用	650mm × 500mm × 50mm	1
	电工工具	通用	包含万用表、螺钉旋具、剥线钳等	1

六、项目实施

（一）确定 I/O 分配表

由项目分析可知，电动机丫－△减压起动 I/O 分配见表 4-3。

表 4-3　电动机丫－△减压起动 I/O 分配表

输入（I）		输出（O）	
设备	端口编号	设备	端口编号
起动按钮 SB1	X000	KM	Y000
停止按钮 SB2	X001	KM 丫	Y001
过载保护 FR	X002	KM △	Y002

（二）PLC 的外部接线图

电动机丫－△减压起动 PLC 外部接线如图 4-7 所示。

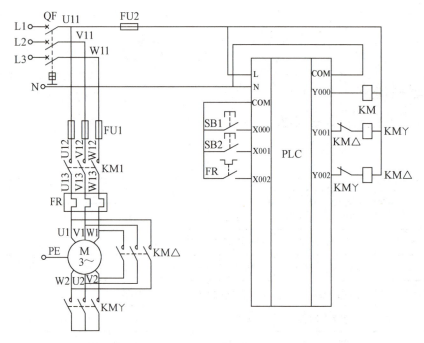

图 4-7　电动机丫－△减压起动 PLC 外部接线图

（三）按照接线图完成接线

1. 安装元器件

用 PLC 实现电动机的丫－△减压起动控制，在网孔板上将元器件按图 4-8 所示摆放，安装前检查元器件，用螺钉进行固定。

2.完成接线

PLC 控制电动机丫 – △减压起动，主电路安装与继电器控制的电路相同，不同的是要用 PLC 改造控制电路。连接 PLC 的输入、输出端元器件，再连接电动机和按钮，最后连上电源，注意不能带电操作。实物接线图如图 4-9 所示，电气安装接线图如图 4-10 所示。

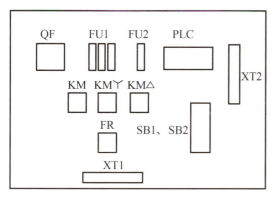

图 4-8　元器件布置图

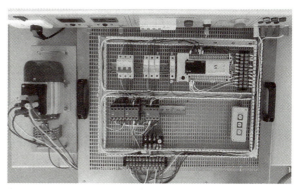

图 4-9　PLC 控制电动机丫 – △减压起动实物接线图

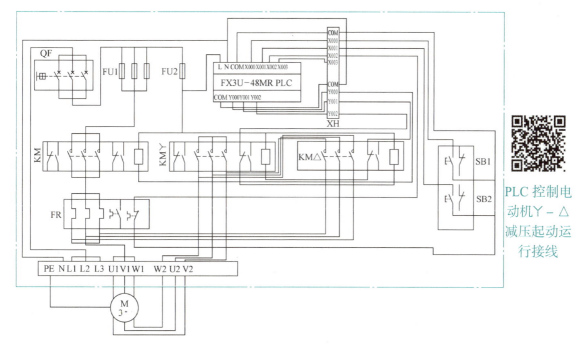

图 4-10　PLC 控制电动机丫 – △减压起动电气安装接线图

PLC 控制电动机丫 – △减压起动运行接线

（四）编写梯形图程序

根据电气控制电路设计控制程序。

步骤 1：根据电气控制电路定义 PLC 的输入点和输出点（I/O 分配），见表 4-3。

步骤 2：将继电器控制的电动机丫－△减压起动电气原理图中的控制电路逆时针方向旋转 90°，得到图 4-11。

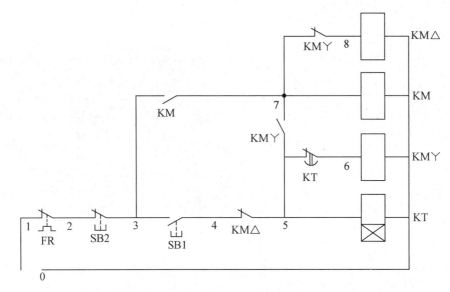

图 4-11　继电器控制的电动机丫－△减压起动控制电路逆时针旋转 90°

步骤 3：将继电器控制电路转换成 PLC 的梯形图草图，并将元器件一一对应，如图 4-12 所示。

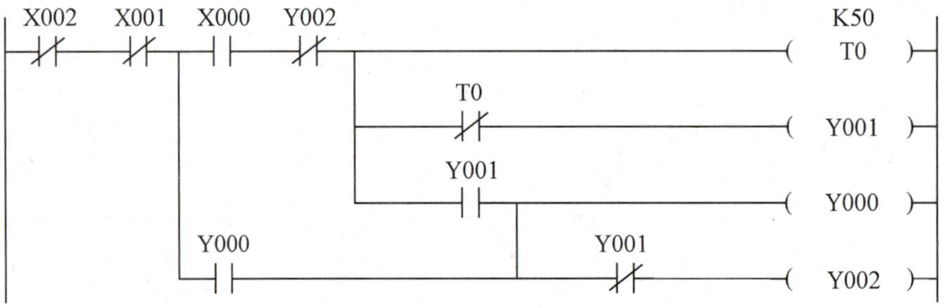

图 4-12　继电器电路转换成 PLC 梯形图草图

注意：如果直接把继电器控制电路图转换成 PLC 梯形图，有时在 GX Developer 软件中按快捷键 <F4> 是无法直接转换的，所以必须要根据梯形图设计规则进行修改。

步骤 4：优化梯形图。根据梯形图设计规则优化好的梯形图如图 4-13 所示。

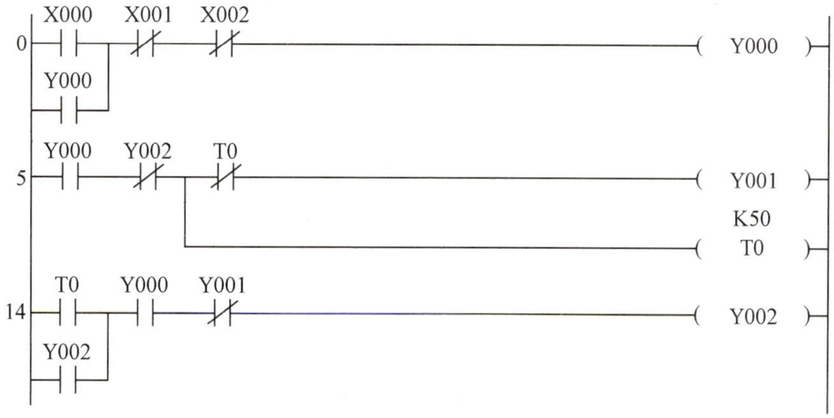

图 4-13　优化好的梯形图

（五）程序调试

1）编写程序。编程时选择的型号与实际的 PLC 型号一定要相对应。

2）核对外部接线。确保 PLC 的工作电压为额定工作电压，与计算机通信联机正常。

3）程序写入 PLC。写入时要把运行选择开关置于停止位置。

4）空载调试。不接通主电路电源，控制电路中不接电动机。参照表 4-4 观察 PLC 运行是否正常。

表 4-4　PLC 实现电动机丫 – △减压起动控制调试参照表

操作步骤	空载调试	系统调试		
	PLC 输出指示	接触器	定时器 T0	电动机
按下 SB1	Y000、Y001 点亮	KM、KM丫吸合	开始定时 5s	星形起动
	Y001 熄灭、Y002 点亮	KM丫断开，KM△吸合	定时时间到	三角形运行
按下 SB2	Y002 熄灭	KM△断开		停止运行

5）系统调试：接通主电路电源，连接电动机。观察接触器 KM 和电动机动作是否符合控制要求，调试情况参照表 4-4 进行记录。如不符合要求则检查接线及 PLC 程序，直至按要求运行。

七、项目拓展

1）利用 SET 指令和 RST 指令编写图 3-2 所示的三相异步电动机正、反转控制电路梯形图。参考程序如图 4-14 所示。

2）试用 SET 指令和 RST 指令编写三相异步电动机丫 – △减压起动继电器控制电路梯形图。

图 4-14　参考程序

项目五　PLC 控制电动机顺序起动

在现代化生产中，流水线作业越来越多，已经占据了生产的主要地位。流水线技术是用传送带进行传动的，一件物品的组装与生产，仅靠一条流水线往往无法满足要求，这就要求多条传送带的配合才能够完美进行。

一、项目引入

图 5-1a 是某物品传送的流水线，图 5-1b 为物品传送的模拟画面，传动机构由 3 条传送带组装而成。如图 5-1b 所示，机械手将原料箱中的物品抓起放在了上段传送带 A 上。控制要求如下：按下流水线起动按钮，上段传送带 A 运行 3s，将物品传送到中段传送带 B 上，然后中段传送带 B 运行 4s，物品被传送到下段传送带 C 上，最后物品由下段传动带 C 送到储物箱中（一个物品的流水线传送过程结束）。传送结束后，工人会将储物箱中的物品搬运走。按下流水线停止按钮，无论流水线处于何种状态，都将无条件停止当前动作。

二、项目目标

1）理解顺序起动的工作原理。

2）掌握基本逻辑指令 LDP、LDF、ANDP、ANDF、ORP、ORF、PLS、PLF、INV 的应用。

3）掌握 PLC 编程的基本方法和技巧。

4）掌握电动机顺序起动 PLC 外部接线及操作。

5）应用 PLC 技术实现对电动机的顺序起动控制。

a) 物品传送实际流水线

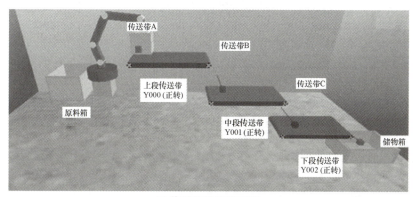

b) 物品传送模拟画图

图 5-1 物品的传送

三、项目分析

传送带的控制是 PLC 控制中比较经典的一类控制。在实际生产中，为了节省能源的消耗和避免传送带上的物料堆积，经常由多台电动机控制传送带，而各台电动机的起动和停止是有顺序的，电动机的这种控制方式称为顺序起停控制。本项目将学习顺序起动控制电路。电路中设置了一个起动按钮 SB1 和一个停止按钮 SB2，项目中有 3 条传送带工作，也就是有 3 台电动机在运行，需要用到 3 个接触器：上段传送带 A 对应接触器 KM1，中段传送带 B 对应接触器 KM2，下段传送带 C 对应接触器 KM3。

四、知识准备

（一）电动机顺序起动的继电器控制

继电器控制的 3 台电动机顺序起动电气原理图如图 5-2 所示。

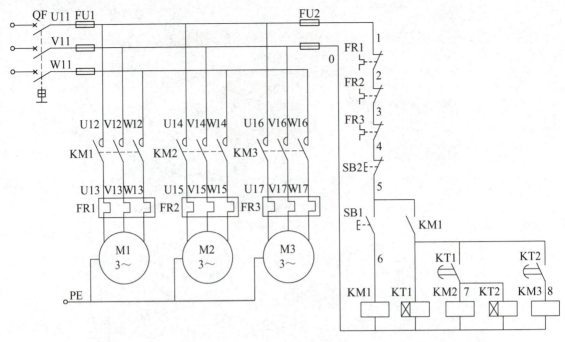

图 5-2　继电器控制的电动机顺序起动电气原理图

电路工作原理如下：

起动：合上电源开关 QF。

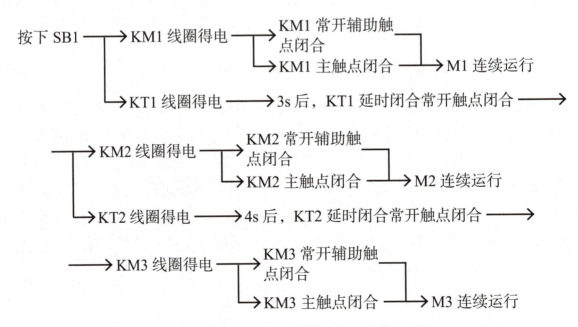

停止：按下 SB2，所有继电器线圈失电，触点断开，所有电动机停转。

（二）PLC 基本逻辑指令

1. 脉冲式触点指令 LDP、LDF、ANDP、ANDF、ORP、ORF

脉冲式触点有上升沿脉冲触点和下降沿脉冲触点两种，但只有常开触点没有常闭触点。脉冲式触点的动作时序如图 5-3 所示，LDP、ANDP 和 ORP 只在对应软元件接通时的上升沿接通一个扫描周期，LDF、ANDF、ORF 只在对应软元件接通后再断开时的下降沿接通一个扫描周期。

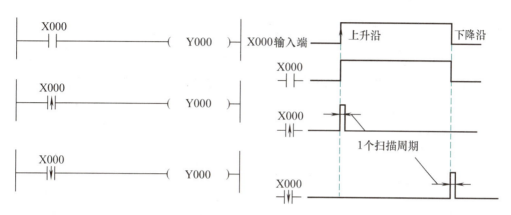

图 5-3　脉冲式触点动作时序图

2. PLS、PLF 指令

PLS：上升沿检测输出指令。仅在输入为 ON 后的一个扫描周期内，相对应的软元件 Y、M 动作。

PLF：下降沿检测输出指令。仅在输入为 OFF 后的一个扫描周期内，相对应的软元件 Y、M 动作。

3. INV 指令

INV 指令是将 INV 指令执行之前的运算结果反转的指令，它不需要软元件。用手持编程器输入 INV 指令时，先按"NOP"键，再按"P/I"键。

五、器材准备

本项目所需元器件见表 5-1。

表 5-1　元器件选用表

符号	名称	型号	规格	数量
M1 ～ M3	三相异步电动机	Y132M–4	7.5kW、380V、15A、△联结	3
QF	低压断路器	NXB–63 3P C25	三极，额定电流 25A	1

（续）

符号	名称	型号	规格	数量
FU1	插入式熔断器	RT18–32/20	500V、32A，熔体：20A	3
FU2	插入式熔断器	RT18–32/2	500V、32A，熔体：2A	1
KM1～KM3	交流接触器	CJX2S–25	380V、25A	3
FR1～FR3	热继电器	JR36–20	三极，整定电流 20A	3
SB1、SB2	按钮	LA10–3H	保护式、按钮数 3	1
XT1、XT2	端子排	TD–20/15	20A、15 节	2
PLC	可编程序控制器	FX3U–48MR		1
	网孔板	通用	650mm × 500mm × 50mm	1
	电工工具	通用	包含万用表、螺钉旋具、剥线钳等	1

六、项目实施

（一）确定 I/O 分配表

由项目分析可知，电动机顺序起动 I/O 分配见表 5-2。

表 5-2　I/O 分配表

输入（I）		输出（O）	
设备	端口编号	设备	端口编号
流水线起动按钮 SB1	X000	上段传送带 A（M1）	Y000
流水线停止按钮 SB2	X001	中段传送带 B（M2）	Y001
过载保护 FR1～FR3	X002	下段传送带 C（M3）	Y002

（二）PLC 的外部接线图

电动机顺序起动 PLC 外部接线如图 5-4 所示。

注意： 有时，PLC 输入触点不够用或为了节约输入触点，可将相同作用的触点并联在一起使用一个输入触点，见图 5-4 中 FR1、FR2、FR3。

（三）按照接线图完成接线

1. 安装元器件

用 PLC 实现电动机顺序起动控制，在网孔板上将元器件按图 5-5 所示摆放，安装前检查元器件，再用螺钉进行固定。

2. 完成接线

连接 PLC 的输入、输出端元器件，再连接电动机和按钮，最后连上电源，注意不能带电操作。实物接线图如图 5-6 所示，电气安装接线图如图 5-7 所示。

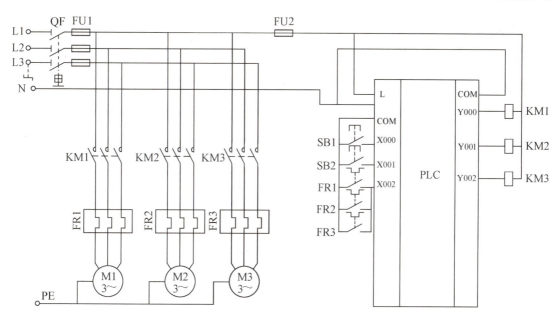

图 5-4 电动机顺序起动 PLC 外部接线图

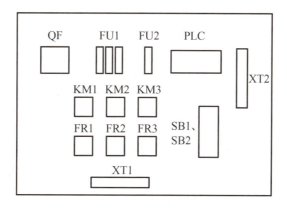

图 5-5 元器件布置图

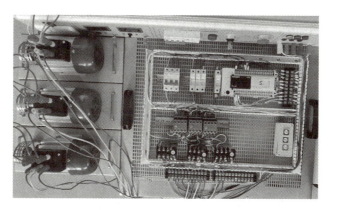

图 5-6 PLC 控制电动机顺序起动实物接线图

PLC 控制电动机
顺序起动接线

（四）编写梯形图程序

某些简单的梯形图可以借鉴继电器控制的电路图来设计，即在一些典型电路的基础上，根据被控对象对控制系统的具体要求进行修改和完善，得到符合控制要求的梯形图，称之为经验设计方法。

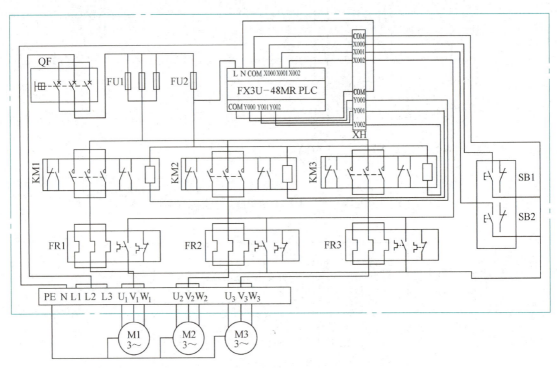

图 5-7　PLC 控制电动机顺序起动电气安装接线图

根据控制要求直接设计控制程序步骤如下：

步骤 1：在准确了解控制要求后，合理地为控制系统中的信号分配 I/O，见表 5-2。

步骤 2：对于一些控制要求比较简单的输出信号，可直接写出它们的控制条件，依起、保、停电路的编程方法完成相应输出信号的编程；对于控制条件较复杂的输出信号，可借助辅助继电器来编程。

步骤 3：对于较复杂的控制，要正确分析控制要求，确定各输出信号的关键控制点。在以空间位置为主的控制中，关键点为引起输出信号状态改变的位置点；在以时间为主的控制中，关键点为引起输出信号状态改变的时间点。本项目属于第二种以时间为主的控制。

步骤 4：确定了关键点后，根据运动状态选择控制原则，设计主令元件、检测元件和继电器等。

步骤 5：设置必要的保护，修改、完善程序。

根据项目分析，流水线起动按钮在起动的一刹那起到作用外，其他都没有再继续用到起动按钮，所以这里可以考虑用 LDF 指令来实现起动功能。而项目中要求按下流水线停止按钮后，任何条件下的动作都无条件结束，可以使用辅助继电器来完成。这样一旦按下停止按钮，任何状态下都会无条件停止。

本项目中对电动机的控制为顺序起动，以时间点为控制要素，程序如图 5-8所示。

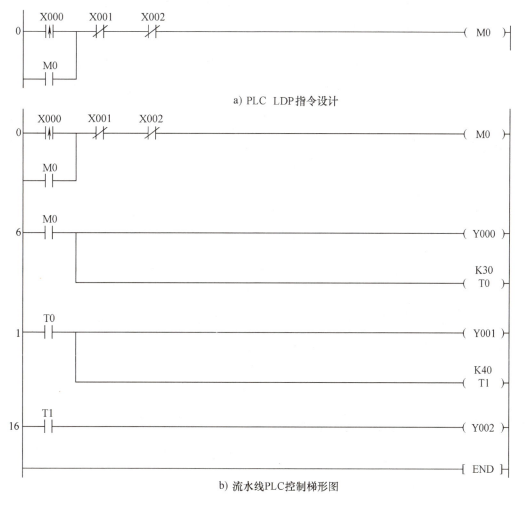

图 5-8　流水线控制 PLC 控制梯形图

（五）程序调试

1）输入程序并传送到 PLC，然后运行调试，观察是否符合要求，如不符合要求，则检查接线及 PLC 程序，直至按要求运行。

2）按下流水线起动按钮 SB1，程序按顺序先起动上段传送带 A（M1），3s 后，中段传送带 B（M2）起动，4s 后，下段传动带 C（M3）起动。按下流水线停止按钮 SB2，系统应立即停止运行。

七、项目拓展

1）请按照新任务要求编写 PLC 程序。

机械手已将从原料箱中抓起的物品放置在了上段传送带 A 上。控制要求如下：按下流水线起动按钮，上段传送带 A 运行 3s，将物品传送到了中段传送带 B 上，然后，中段传送带 B 运行 4s，物品被传送到下段传送带 C 上，然后，下段传动带 C 运行 5s，物品被传送到了储物箱中（一个物品的流水线传送过程结束），物品放入储物箱中 3s 后，下段传送带停止，4s 后，中段传送带停止，5s 后，上段传送带停止。按下流水线紧急停止按钮时，无论流水线处于何种状态，都将无条件停止当前动作。

新任务 PLC 梯形图如图 5-9 所示。

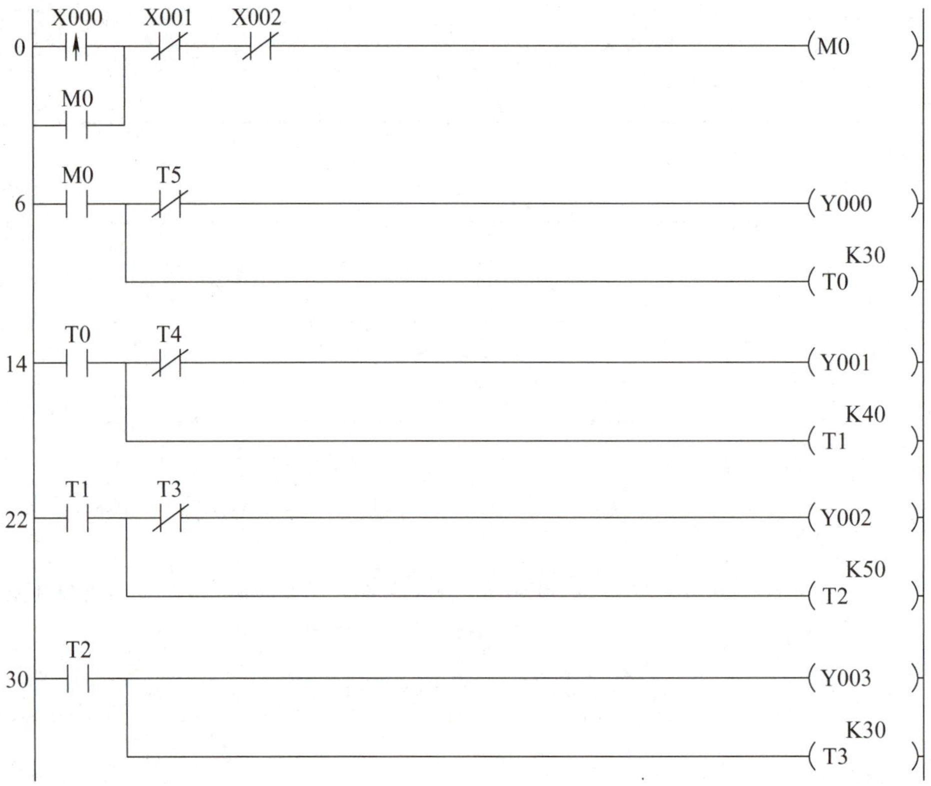

图 5-9　新流水线任务 PLC 梯形图

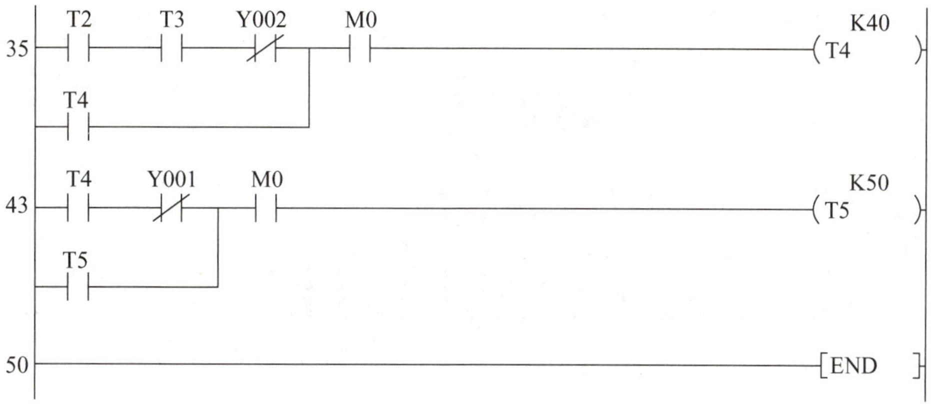

图 5-9 新流水线任务 PLC 梯形图（续）

2）利用 LDF 或 LDP 指令编写电动机正、反转控制电路。

模块二

PLC 基础应用

项目六　PLC 控制灯光闪烁

在现实生活中，往往需要装饰灯光按要求有规律地闪烁，例如，霓虹灯的闪烁、流水灯的闪烁。为了使灯光可以自动进行亮灭循环，并且完全按照设计闪烁。同时为了树立学习者的自信心，开发守正创新意识，激发学习兴趣，本项目实现用 PLC 控制灯光闪烁。

一、项目引入

某灯光系统有三组灯，起动后 A 组先闪烁（亮 0.5s，灭 0.5s），5s 后，A 组熄灭，B 组闪烁（亮 0.7s，灭 0.3s），5s 后，B 组熄灭，A、C 两组同时闪烁（亮 0.6s，灭 0.4s），5s 后，A 组闪烁（亮 0.5s，灭 0.5s）……如此循环。灯塔的灯光闪烁如图 6-1 所示。

图 6-1　灯塔的灯光闪烁

二、项目目标

1）掌握 PLC 的基本逻辑指令 ORB、ANB。

2）掌握 PLC 编程中分步编程的技巧。

3）掌握 PLC 外部接线及调试。

4）应用 PLC 技术实现对灯光闪烁的控制。

三、项目分析

灯光闪烁是现实生活中常见的应用，可以通过多种控制实现，本项目通过定时器实现灯光闪烁的 PLC 控制。

根据系统要求，该灯光组使用起动按钮和停止按钮来控制：起动按钮为 SB1，停止按钮为 SB2；A、B、C 三组灯光分别由继电器 KA1、KA2、KA3 控制。

四、知识准备

ORB、ANB 指令的功能、梯形图表示形式及操作元件见表 6-1。

表 6-1 ORB、ANB 指令的功能、梯形图表示形式及操作元件

符号（名称）	功能	梯形图表示	操作元件
ORB（块或）	电路块并联		无
ANB（块与）	电路块串联		无

含有两个以上触点串联的电路称为串联电路块。串联电路块并联时，在支路的末尾处集中写出 ORB 的指令，但这时 ORB 指令最多使用 8 次。将分支电路（并联电路块）与前面的电路串联时，使用 ANB 指令。各并联电路块的起点使用 LD 或 LDI 指令。与 ORB 指令一样，ANB 指令也不带操作元件。用这种方法编程时，串联点如需要将多个电路块串联，应在每个串联电路块之后使用一个 ANB 指令，此时，串联电路块的个数没有限制。若集中使用 ANB 指令，则最多使用 8 次。ORB、ANB 指令的使用如图 6-2 所示。

五、器材准备

本项目六所需元器件见表 6-2。

六、项目实施

根据上述准备内容对灯光闪烁电路进行 PLC 程序的编写。

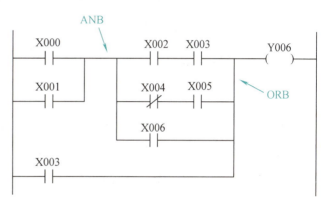

地址	指令	数据
0000	LD	X000
0001	OR	X001
0002	LD	X002
0003	AND	X003
0004	LDI	X004
0005	AND	X005
0006	OR	X006
0007	ORB	
0008	ANB	
0009	OR	X003
0010	OUT	Y006

图 6-2 ORB、ANB 指令的使用

表 6-2　元器件选用表

符号	名称	型号	规格	数量
SB1、SB2	按钮	LA10–3H	保护式、按钮数 3	1
PLC	可编程序控制器	FX3U–48MR		1
	灯光系统模块	天塔之光灯组		1
	网孔板	通用	650mm × 500mm × 50mm	1
	电工工具	通用	包含万用表、螺钉旋具、剥线钳等	1

（一）确定 I/O 分配表

PLC 控制灯光闪烁 I/O 分配见表 6-3。

（二）PLC 的外部接线

PLC 的外部接线如图 6-3 所示。

按照接线图完成接线，连接 PLC 的输入、输出端元件和地线，注意不能带电操作。

表 6-3　PLC 控制灯光闪烁 I/O 分配表

输入（I）		输出（O）	
设备	端口编号	设备	端口编号
起动按钮 SB1	X001	KA1	Y001
停止按钮 SB2	X002	KA2	Y002
		KA3	Y003

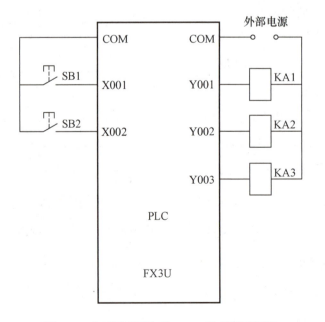

PLC 控制灯光闪烁接线

图 6-3　灯光闪烁电路 PLC 外部接线图

（三）程序编写

步骤 1：起动和停止控制程序设计。

利用辅助继电器 M10、M20 与按钮 SB1、SB2 组合实现起动和停止，如图 6-4 所示。

图 6-4　起动和停止控制梯形图

步骤 2：定时控制程序设计。

使用通用定时器实现逻辑功能，如图 6-5 所示。

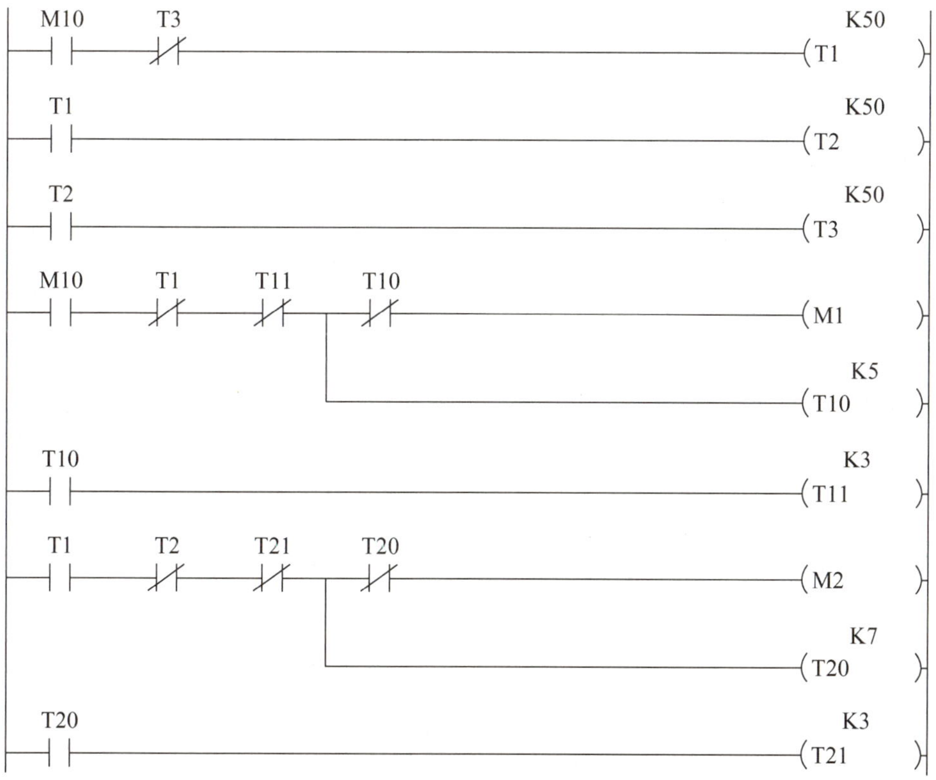

图 6-5　定时控制程序梯形图

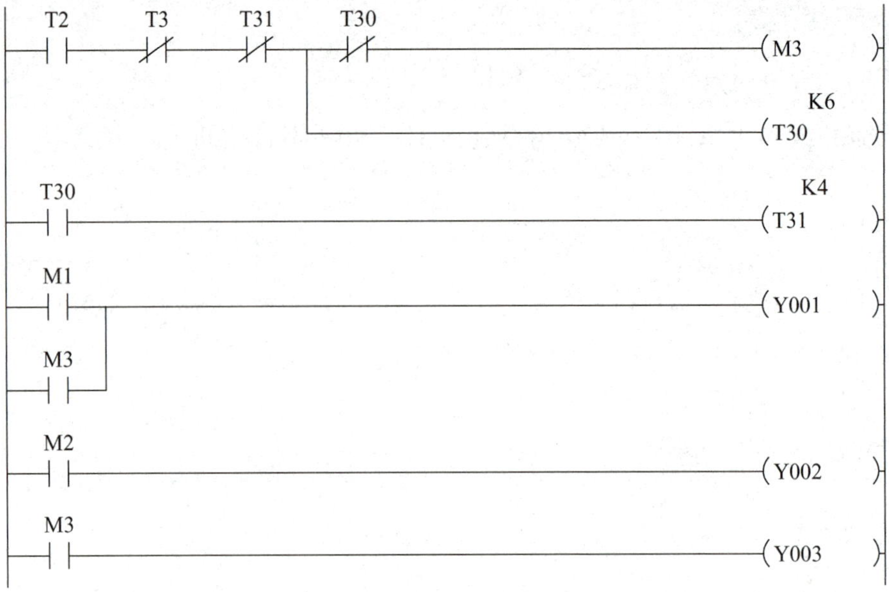

图 6-5　定时控制程序梯形图（续）

步骤 3：编辑完成的梯形图如图 6-6 所示。

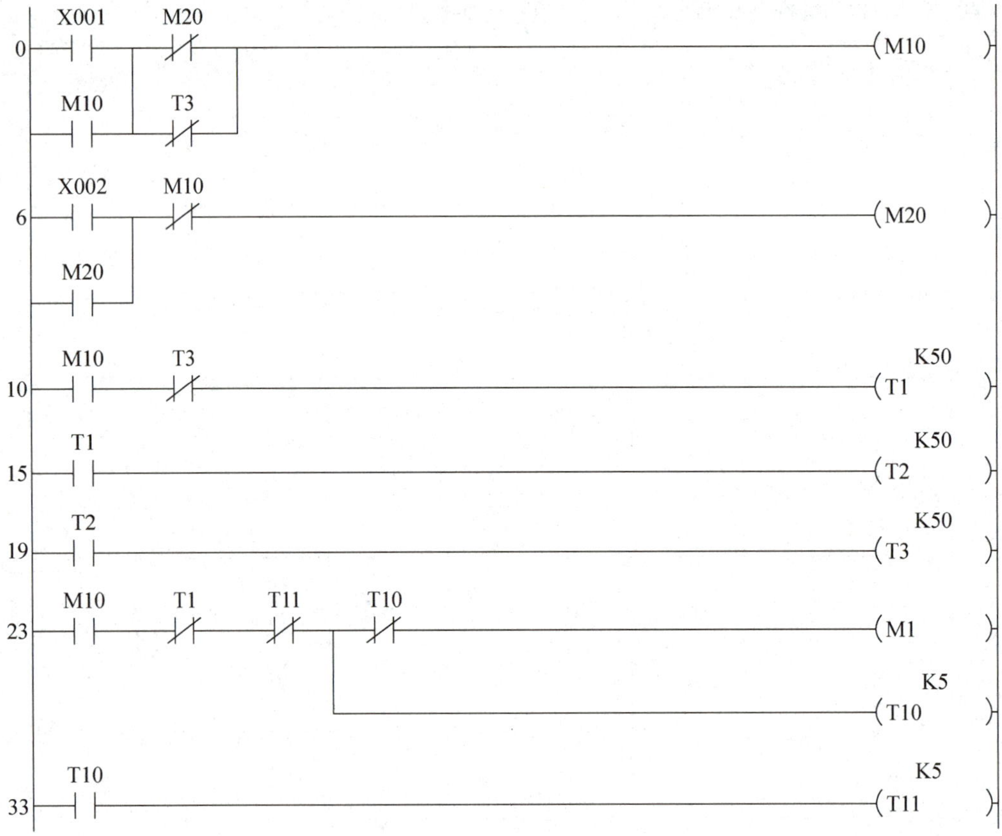

图 6-6　完成的梯形图

```
        T1      T2      T21     T20                                    K7
 37 ──┤├──────┤/├──────┤/├──────┤/├────────────────────────────────( M2 )
                                                                       
                                │                                      K7
                                └─────────────────────────────────( T20 )

        T20                                                            K3
 47 ──┤├──────────────────────────────────────────────────────────( T21 )

        T2      T3      T31     T30                                    
 51 ──┤├──────┤/├──────┤/├──────┤/├────────────────────────────────( M3 )
                                                                       
                                │                                      K6
                                └─────────────────────────────────( T30 )

        T30                                                            K4
 61 ──┤├──────────────────────────────────────────────────────────( T31 )

        M1                                                            
 65 ──┤├──────┬───────────────────────────────────────────────────( Y001 )
        M3    │
       ──┤├───┘

        M2                                                            
 68 ──┤├──────────────────────────────────────────────────────────( Y002 )

        M3                                                            
 70 ──┤├──────────────────────────────────────────────────────────( Y003 )

                                                                   [ END ]
```

图 6-6 完成的梯形图（续）

（四）程序调试

在计算机中编写的梯形图经过程序检查无误后，进行变换并传至 PLC。首先，在不接通主电路电源的情况下，空载调试；然后，接通主电源，进行系统调试。

PLC 控制灯光闪烁演示

七、项目拓展

1）三菱 PLC 的交替输出指令。

交替输出指令 ALT（P）用于实现由一个按钮控制负载的起动和停止。ALT 为 16 位运算指令，[D.] 可取 Y、M 和 S，占 3 个程序步。使用 ALT（P）指令，一次触发为 ON，再一次触发就为 OFF，再触发又为 ON，如此交替下去。该指令举例应用如图 6-7 所示。

```
     X000
1 ---| ↑ |-----------------------------------------------[ALT      Y000]--
```

图 6-7　ALT（P）指令举例应用

　　Y000 为灭灯状态时，按下 X000，指示灯 Y000 点亮。再按一次 X000，Y000 熄灭，再按一次点亮。Y000 交替输出，实现灯光闪烁效果。

　　2）请使用 ALT 指令编写两个灯光交替闪烁 0.25s 的控制程序。

项目七　PLC 控制报警

　　在工业生产中，当出现违章操作或者机器故障时，设备经常会发出警告声来提示工人停止操作并进行检修。安全是生产的前提，必须坚持人民至上，保障人民生命安全。设备报警既保护了设备的安全，又保障了操作人员的人身安全。

一、项目引入

　　设计一个报警器，要求当条件满足时，蜂鸣器发出警告声，响 1s，停 0.5s；同时，警示灯连续闪烁 6 次，每次点亮 3s，熄灭 2s。此后，停止声光报警。工业机器上的警示灯如图 7-1 所示。

图 7-1　工业机器上的警示灯

二、项目目标

　　1）掌握 PLC 编程元件 C 的使用。

　　2）掌握计数器与定时器的组合使用。

　　3）掌握 PLC 外部接线及调试。

　　4）应用 PLC 技术实现报警控制。

三、项目分析

　　警示灯开始工作的条件可以是按钮，也可以是行程开关或接近开关等来自现场的信号。现以接近开关为开始条件，蜂鸣器和警示灯分别占用一个输出，可以采用两个定时器分别控制警示灯亮和灭的时间，而闪烁的次数则由计数器控制。

四、知识准备

（一）计数器的分类

FX3U 系列 PLC 的计数器分为内部计数器和高速计数器两种类型，见表 7-1。

表 7-1　PLC 计数器

名称	内部计数器				高速计数器
	16 位增计数器		32 位增 / 减计数器		32 位增 / 减计数器
点数	通用型 （C0 ～ C99）	断电保持型 （C100 ～ C199）	通用型 （C200 ～ C219）	断电保持型 （C220 ～ C234）	断电保持型 （C235 ～ C255）
设定范围	1 ～ 32767		–2147483648 ～ 2147483647		–2147483648 ～ 2147483647

1. 内部计数器

内部计数器用于在执行扫描操作时对内部信号（如 X、Y、M、S、T 等）进行计数。

（1）16 位增计数器（C0 ～ C199）　16 位增计数器共 200 点，其中 C0 ～ C99 为通用型，C100 ～ C199 为断电保持型（断电后能保持当前值，待通电后继续计数）。这类计数器为递增计数，应用前先对其给定一设定值，当输入信号个数累加到设定值时，计数器动作，其常闭触点断开，常开触点闭合。计数器的设定值为 1 ～ 32767（16 位二进制），设定值除了用常数 K 设定外，还可以通过指定数据寄存器间接设定。

（2）32 位增 / 减计数器（C200 ～ C234）　32 位增 / 减计数器共 35 点，其中 C200 ～ C219（共 20 点）为通用型，C220 ～ C234（共 15 点）为断电保持型。这类计数器与 16 位增计数器除位数不同外，还在于它能通过控制实现增、减双向计数。设定值范围均为 –2147483648 ～ 2147483647（32 位）。

C220 ～ C234 是增计数还是减计数，分别由特殊辅助继电器 M8200 ～ M8234 设定。对应的特殊辅助继电器被置为 ON 时为减计数，被置为 OFF 时为增计数。计数器的设定值与 16 位计数器一样。

2. 高速计数器（C235 ～ C255）

高速计数器与内部计数器相比，除了允许输入的频率高之外，应用也更为灵活。高速计数器均有断电保持功能，通过参数设定也可变成非断电保持型，在此不做详细的介绍。

（二）计数器的工作原理

外电源正常时，其当前值寄存器具有记忆功能，因而即使是非掉电保持型的计数器，也需复位指令才能复位。如图 7-2 所示，当复位输入 X001 在上升沿接通时，执行 RST 指令，计数器的当前值复位为 0，输出触点也复位。X000 每闭合一次，计数器的当前值加 1。"K5"为计数器的设定值。当第 5 次执行线圈指令时，计数器的当前值和设定值相等，输出触点动作。而后即使 X000 再闭合，计数器的当前值均保持不变。

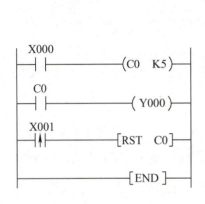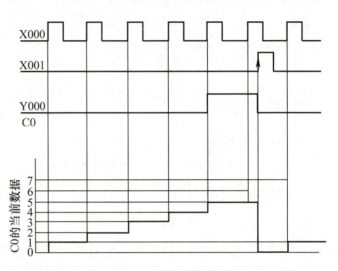

图 7-2　计数器的工作原理

五、器材准备

本项目所需元器件见表 7-2。

表 7-2　元器件选用表

符号	名称	型号	规格	数量
PLC	可编程序控制器	FX3U–48MR		1
	蜂鸣器	插件式		1
	灯光系统模块	天塔之光灯组		1
	网孔板	通用	650mm × 500mm × 50mm	1
	电工工具	通用	包含万用表、螺钉旋具、剥线钳等	1

六、项目实施

根据上述准备内容对报警器进行 PLC 程序的编写及调试。

（一）确定 I/O 分配表

报警器 PLC 控制的 I/O 分配见表 7-3。

表 7-3　报警器 PLC 控制的 I/O 分配表

输入（I）		输出（O）	
设备	端口编号	设备	端口编号
行程开关 SQ	X000	蜂鸣器	Y000
		警示灯	Y001

（二）PLC 外部接线

PLC 的外部接线如图 7-3 所示。

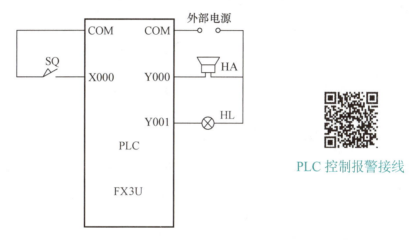

图 7-3　PLC 的外部接线图

PLC 控制报警接线

按照接线图完成接线，连接 PLC 的输入、输出端元件和地线，注意不能带电操作。

（三）程序编写

步骤 1：起动和停止控制程序设计。

起动信号为 X000，当碰到 SQ 时，使输出 M0 得电并自锁，M0 产生的输出信号使蜂鸣器发出警告声，使警示灯闪烁。停止信号为计数器的常闭触点，当警示灯闪烁 6 次后，计数器的常闭触点断开，使 M0 失电，其触点复位，报警电路停止报警。起停控制程序的梯形图如图 7-4 所示。

图 7-4　起停控制程序的梯形图

步骤 2：蜂鸣器响停控制程序设计。

蜂鸣器在中间继电器 M0 得电的同时报警。采用定时器 T10 控制蜂鸣器鸣响的时间，定时器 T11 控制蜂鸣器停止的时间。

蜂鸣器响停控制梯形图如图 7-5 所示。

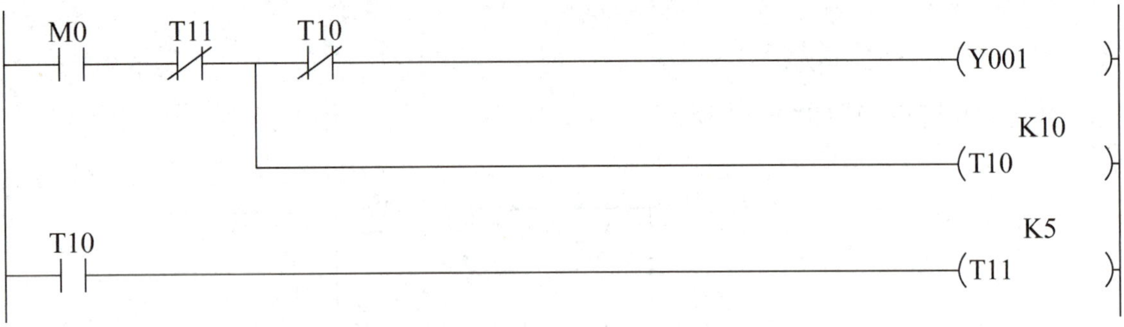

图 7-5　蜂鸣器响停控制梯形图

步骤 3：警示灯亮灭控制程序设计。

警示灯在中间继电器 M0 得电的同时闪烁。采用定时器 T20 控制警示灯亮的时间，定时器 T21 控制警示灯灭的时间。

警示灯亮灭控制梯形图如图 7-6 所示。

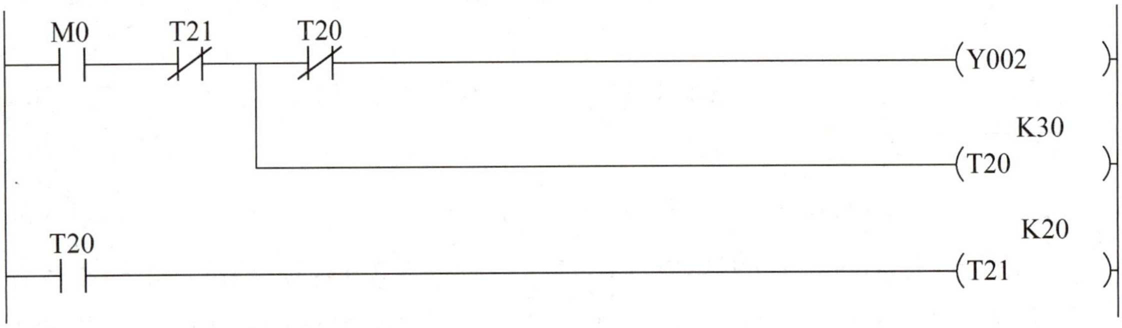

图 7-6　警示灯亮灭控制梯形图

步骤 4：警示灯闪烁次数控制程序的设计。

采用计数器 C0 进行闪烁次数的控制，将 T21 触点的动作作为计数输入信号，当计数器累计到第 6 个脉冲时，C0 得电，其常闭触点断开，报警器停止工作，计数器 C0 的复位信号采用 M0 的常闭触点。

警示灯闪烁次数控制梯形图如图 7-7 所示。

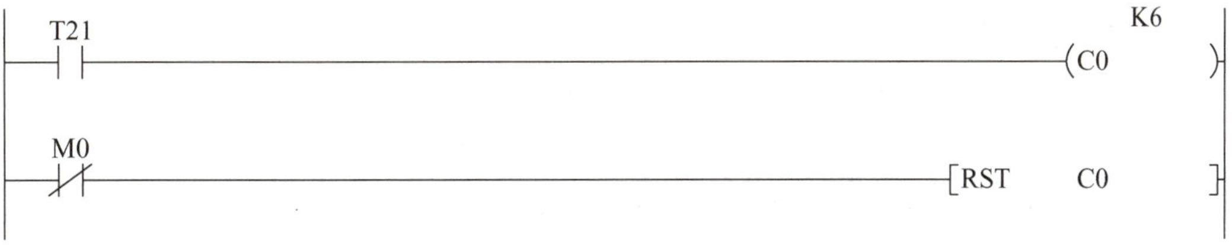

```
       T21                                                  K6
       ┤├─────────────────────────────────────────────────(C0  )

       M0
       ┤/├──────────────────────────────────────[RST    C0 ]
```

图 7-7　报警灯闪烁次数控制梯形图

步骤 5：编辑完成的梯形图如图 7-8 所示。

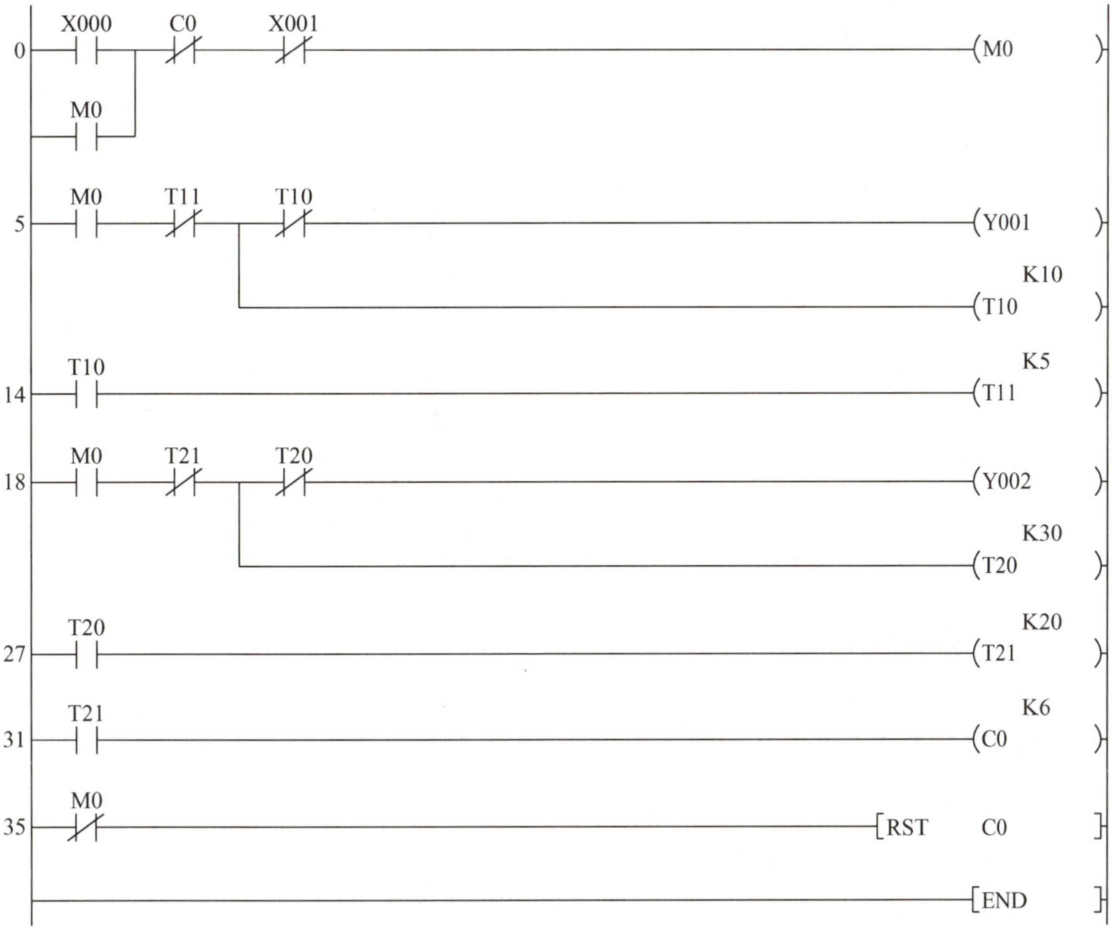

```
      X000    C0    X001
  0   ┤├──┬──┤/├──┤/├──────────────────────────────(M0  )
      M0   │
      ┤├───┘

      M0    T11    T10
  5   ┤├──┬─┤/├─┬─┤/├──────────────────────────────(Y001 )
          │     │                                   K10
          │     └─────────────────────────────────(T10  )

      T10                                           K5
 14   ┤├────────────────────────────────────────(T11  )

      M0    T21    T20
 18   ┤├──┬─┤/├─┬─┤/├──────────────────────────────(Y002 )
          │     │                                   K30
          │     └─────────────────────────────────(T20  )

      T20                                           K20
 27   ┤├────────────────────────────────────────(T21  )

      T21                                           K6
 31   ┤├────────────────────────────────────────(C0   )

      M0
 35   ┤/├──────────────────────────────────[RST    C0 ]

                                                   [END ]
```

图 7-8　编辑完成的梯形图

（四）程序调试

将计算机中编写的梯形图经过程序检查无误后，进行变换并传至 PLC。首先，在不接通主电路电源的情况下，空载调试；然后，接通主电源，进行系统调试。

PLC 控制报警演示

七、项目拓展

在此项目中，计数器的复位信号还可以使用哪种控制实现复位？

项目八　PLC 控制机械手分拣

在当今大规模制造业中，企业为提高生产效率、保障产品质量，十分重视生产过程的自动化程度，工业机械手作为自动化生产线上的重要设备，逐渐被企业所认同并采用。

一、项目引入

在工业生产实践中，常利用机械手抓取工件，实现工件的自动搬运和分拣。现有一快递公司需要使用机械手在传送带上投放包裹，并按照大、中、小三类进行分拣。整个工作过程如下：当投放点的传感器检测到快递包裹时，机械手抓取包裹，之后手臂上升缩回；旋转到传送带上方时，机械手手臂伸出落下，松开包裹，之后机械手复位再次抓取包裹。包裹经传送带上的传感器识别后，分类投放进对应的货物柜。机械手搬运和分拣货物如图 8-1 所示。

图 8-1　机械手搬运和分拣货物

二、项目目标

1）掌握编程元件 S 的使用。

2）掌握 PLC 步进指令的使用。

3）熟悉 PLC 步进编程的方法和技巧。

4）掌握 PLC 选择流程步进指令的应用。

5）掌握气动机械手及分拣线的 PLC 外部接线及操作。

6）应用 PLC 技术实现对气动机械手进行控制。

三、项目分析

整个工作要求是机械手将投放点的包裹抓起送到传送带运输机上，按照控制要求作为输入信号的有系统起动和停止按钮，投放点的光电检测开关，三种类型包裹的监测传感器，机械手上的 7 个限位开关，分别用来检测右旋、左旋、缩回、伸出、上升、下降、夹持。作为输出信号的有驱动机械手右旋、左旋、缩回、伸出、上升、下降、夹持、张开的输出，投放三种类型包裹的输出气缸，变频器运行控制。

从整个动作过程可以看出，机械手的工作过程是典型的步进过程，采用步进程序编写。

四、知识准备

（一）PLC 编程元件 S

状态继电器使用字母 S 进行标志。状态继电器主要用于编写顺序控制程序，一般与步进顺序控制指令配合使用。常用的 PLC 状态继电器见表 8-1。

表 8-1　常用的 PLC 状态继电器

类别	编号	数量	功能说明
初始化状态	S0～S9	10 点	初始化
回零状态继电器	S10～S19	10 点	供返回始点时用
通用状态继电器	S20～S499	480 点	没有断电保护功能，需断电保持功能时，可用程序设定
掉电保持型继电器	S500～S899	400 点	具有停电记忆功能，停电后再起动，可继续执行
报警用状态继电器	S900～S999	100 点	使用信号报警器置位 ANS 指令和信号报警器复位 ANR 指令时起外部故障诊断输出作用，称为信号报警器

在非顺序控制程序中，状态继电器（S）也可用作辅助继电器（M）。此外，状态继电器的常开触点与常闭触点在 PLC 编程中可以无穷次使用。

（二）PLC 的步进顺序控制指令

前面介绍了 PLC 的一些基本编程指令，但是用基本逻辑指令进行一些顺序控制，特别是较为复杂的顺序控制时，比较烦琐。因此，PLC 厂家开发出了专门用于顺序控制的指令，从而使顺序控制变得直观、简单。

1. STL 指令

STL 指令称为步进触点指令，其功能是将步进触点接到左母线。

格式：┤ S0 STL ├

操作元件：状态继电器 S。

指令示例如图 8-2 所示。

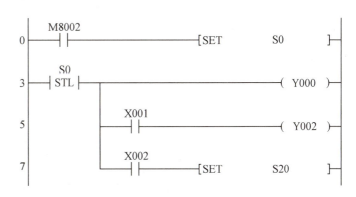

图 8-2　STL 指令示例

2. RET 指令

RET 指令称为步进返回指令，其功能是使临时左母线回到原来左母线的位置。

格式：

操作元件：无。

3. 指令说明

1）步进触点只有常开触点，没有常闭触点。

2）状态继电器 S 只有在使用 SET 指令以后才具有步进控制功能。

3）在每条步进指令后不必都加 RET 指令，只需在一系列连续步进指令最后一条的临时左母线后，接一条 RET 指令返回原左母线即可。RET 指令作为返回结束，必须要有。

（三）状态转移图

顺序控制就是按照生产工艺所要求的动作规律，在各个输入信号的作用下，根据内部的状态和时间顺序使生产过程的各个执行机构自动地、有秩序地进行操作。

任何一个顺序控制过程都可分解为若干步骤，每一工步（状态器）就是控制过程中的一个状态。每个工步往下进行都需要一定的条件，也需要一定的方向，这就是转移条件和转移方向。所以顺序控制的动作流程图也称为状态转移图，状态转移图就是用状态（工步）来描述控制过程的流程图。

1. 状态转移图的组成

在状态转移图中，一个完整的状态必须包括：该状态的控制元件、该状态所驱动的对象、向下一个状态转移的条件和明确的转移方向，如图 8-3 所示。

状态转移的实现必须满足两个方面：一是转移条件必须成立，二是前一步正在进行，二者缺一不可，否则在某些情况下程序的执行就会混乱。

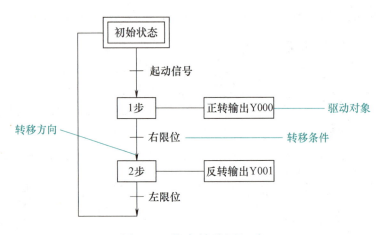

图 8-3　状态转移图组成

2. 状态转移图的绘制步骤

1）分析控制要求和工艺流程，确定状态转移图的结构（复杂系统需要）。

2）将工艺流程分解成若干步，每一步表示一个稳定状态。

3）确定步与步之间的转移条件及其上、下步之间的逻辑关系。

4）确定初始状态（可用输出或状态器）。

5）解决循环及正常停止问题。

6）急停信号的处理。

3. 单流程状态转移图与梯形图的转换

状态转移图用梯形图表示的方法如图 8-4 所示。

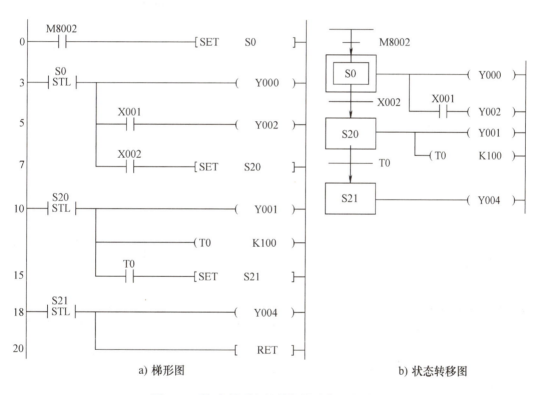

a) 梯形图　　　　　　　　　　　　　　　b) 状态转移图

图 8-4　状态转移图用梯形图表示的方法

1）控制元件：梯形图中画出状态继电器的步进触点。

2）状态所驱动的对象：依照状态转移图画出。

3）转移条件：转移条件用来置位下一个步进触点。

转移方向：就是沿状态转移图中箭头指示，SET 指令置位操作的状态继电器。

4. 选择流程状态转移图与梯形图的转换

在顺序控制过程中，有时会出现两个及以上的顺序动作过程。其状态转移图具有两个以上的状态转移分支，这样的流程图称为多流程顺序控制。

根据条件转移到多个分支流程中某一流程分支执行时，其他分支的转移条件不能被同时满足，即每次只满足一个分支转移条件，称为选择性分支。选择性分支示例如图 8-5 所示。

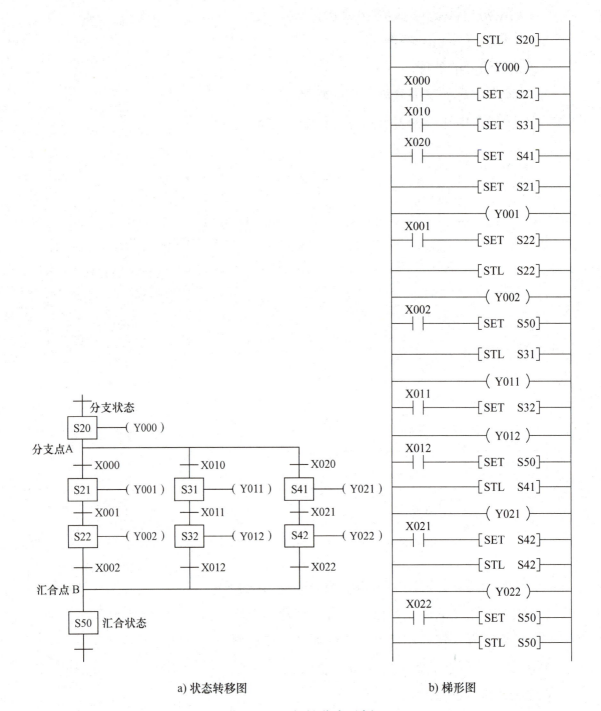

a) 状态转移图　　　　　　　　　b) 梯形图

图 8-5　选择性分支示例

该状态转移图有三个分支流程。其中 S20 为分支状态，根据不同的转移条件（X000、X010、X020）选择执行其中的一个分支流程。当 X000 为 ON 时，执行第一分支流程；当 X010 为 ON 时，执行第二分支流程；当 X020 为 ON 时，执行第三分支流程。X000、X010、X020 不能同时为 ON。S50 为汇合状态，可由 S22、S32、S42 任一状态驱动。

5. 注意事项

1）在状态转移图中，会出现在一个扫描周期内两个或两个以上状态同时动作的可能，因此在相邻的步进触点必须有联锁措施。

2）状态继电器在状态转移图中可以按编号顺序使用，也可以任意使用，但是建议按顺序使用。

3）步进触点后的电路中不允许使用 MC/MCR 指令。

4）在状态内，不能从 STL 临时左母线位置直接使用 MPS/MRD/MPP。

五、器材准备

本项目所需元器件见表 8-2。

表 8-2　元器件选用表

符号	名称	型号	规格	数量
PLC	可编程序控制器	FX3U–48MR		1
	机械手模块	YL–235A		1
	分拣模块	YL–235A		1
	网孔板	通用	650mm × 500mm × 50mm	1
	电工工具	通用	包含万用表、螺钉旋具、剥线钳等	1

六、项目实施

根据上述准备内容对机械手的搬运和分拣进行 PLC 程序的编写。

（一）确定 I/O 分配表

机械手搬运和分拣的 PLC 控制 I/O 分配见表 8-3。

（二）画出 PLC 的外部接线

机械手搬运和分拣的外部接线如图 8-6 所示。

按照接线图完成接线，连接 PLC 的输入、输出端元件、地线以及机械手控制的气路部分气管，注意不能带电操作。

表 8-3　I/O 分配表

输入（I）		输出（O）	
设备	端口编号	设备	端口编号
起动	X001	机械手右旋	Y001
停止	X002	机械手左旋	Y002
送料传感器	X003	悬臂缩回	Y003
右旋限位传感器	X004	悬臂伸出	Y004
左旋限位传感器	X005	手臂上升	Y005
缩回限位传感器	X006	手臂下降	Y006
伸出限位传感器	X007	夹持工作	Y007
上升限位传感器	X010	手爪张开	Y010
下降限位传感器	X011	气缸一（大货）	Y011
手爪传感器	X012	气缸二（中货）	Y012
放料传感器	X013	气缸三（小货）	Y013
位置一传感器（大货）	X014	变频器正转起动	Y021
位置二传感器（中货）	X015	变频器高速	Y023
位置三传感器（小货）	X016		

（三）程序编写

步骤 1：机械手搬运部分单流程动作顺序编写。

依据机械手的动作过程：抓取包裹，手臂上升缩回，旋转到传送带上方，手臂伸出落下，松开包裹，机械手复位，写出机械手的动作顺序流程，如图 8-7 所示。

将机械手动作顺序的初试准备步，用初始状态元件 S0 表示，其他各步用 S20 开始的一般状态元件表示，再将转移条件和驱动对象转换成对应的软元件，动作顺序图就变成图 8-8 所示的机械手顺序控制的状态转移图。再将状态转移图转换成梯形图。参考梯形图如图 8-9 所示。

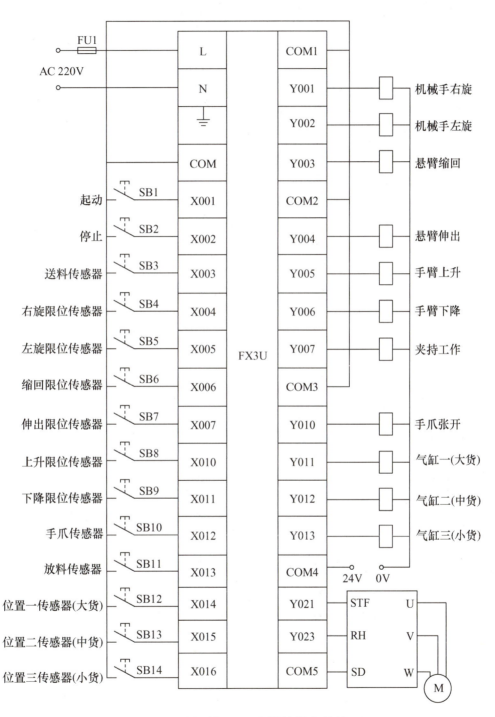

图 8-6　机械手搬运和分拣的外部接线图

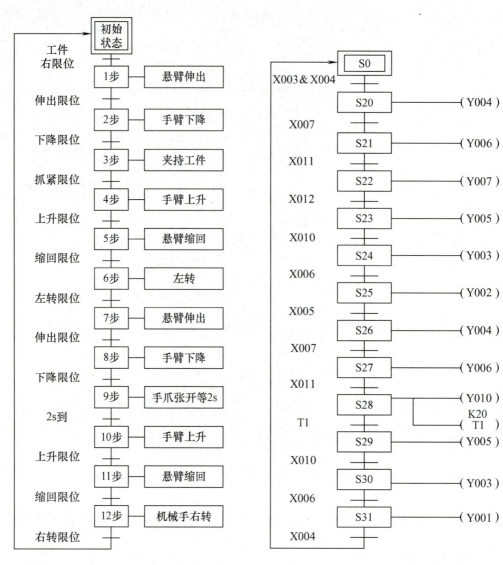

图 8-7　机械手动作顺序流程

图 8-8　机械手顺序控制的状态转移图

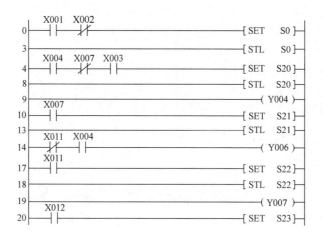

图 8-9　机械手搬运部分参考梯形图

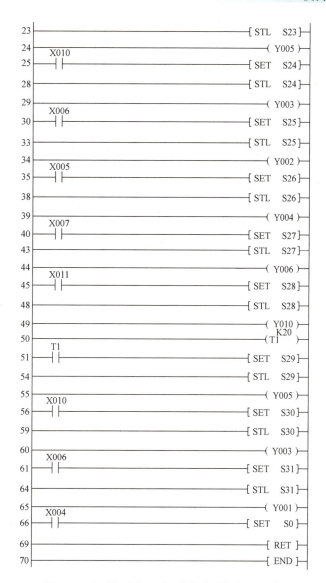

图 8-9　机械手搬运部分参考梯形图（续）

步骤 2：分拣部分选择分支流程编写。

由相应的传感器检测出货物的大小并推进对应货仓。机械手传送带分拣部分的状态转移图如图 8-10 所示，再将状态转移图转换成梯形图，参考梯形图如图 8-11 所示。

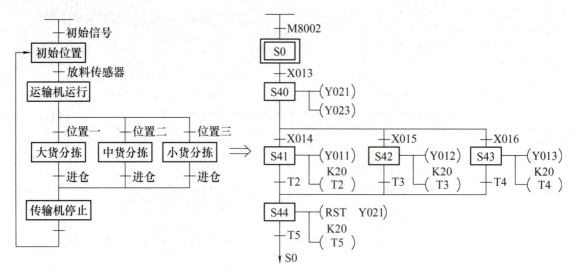

图 8-10　分拣部分的状态转移图

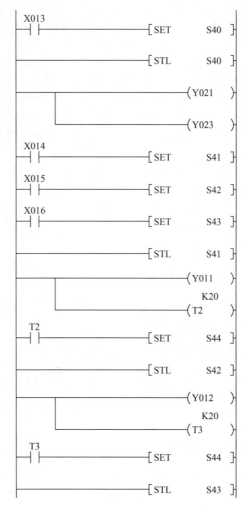

图 8-11　分拣部分参考梯形图

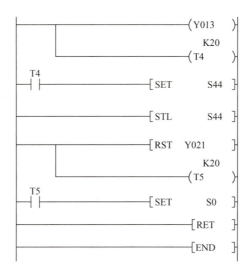

图 8-11　分拣部分参考梯形图（续）

步骤 3：编辑完成的梯形图如图 8-12 所示。

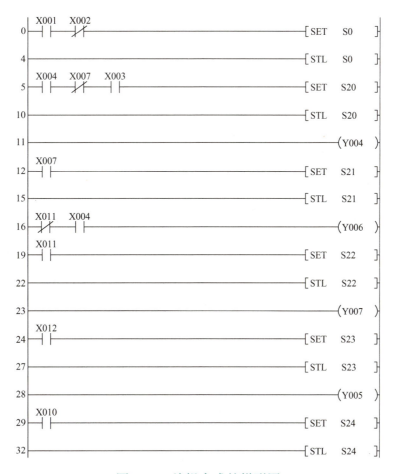

图 8-12　编辑完成的梯形图

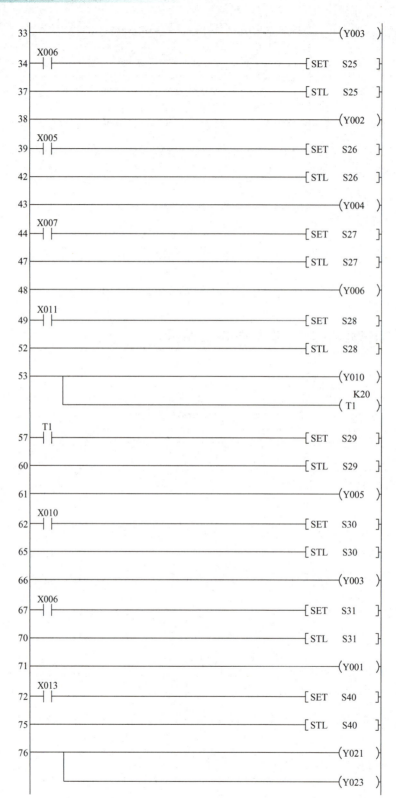

图 8-12　编辑完成的梯形图（续）

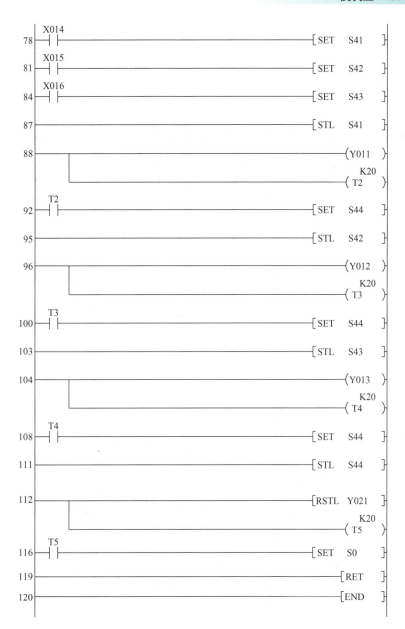

图 8-12　编辑完成的梯形图（续）

（四）程序调试

在计算机中编写的梯形图经过程序检查无误后，进行变换并传至 PLC。首先，在不接通主电路电源的情况下空载调试；然后接通主电路电源进行系统调试。

七、项目拓展

为了提高机械手的搬运效率，请根据以下要求改进 PLC 控制程序，并进行编程、调试。功能要

机械手操作演示　物料分拣演示

求：让悬臂气缸的伸出和手臂气缸的下降这两个动作同时进行；让悬臂气缸的缩回和手臂气缸的上升这两个动作也同时进行；注意避免机械手在下降过程中左右摇摆，损坏设备。

项目九　PLC 控制十字路口交通信号灯

随着我国城市路网建设速度的加快，私家车拥有量的不断增加，道路交通安全变得十分重要。如何更有效地控制交通信号灯，已成为保障城市交通安全的重要环节。

一、项目引入

某市十字路口南、北方向车流量较大，东、西方向车流量较小，为了合理地进行疏导，现对十字路口的交通信号灯进行改造，增加南北方向的通行时长，时间设定为 35s，减少东西方向的通行时长，时间设定为 20s，如图 9-1 所示。

图 9-1　十字路口交通信号灯

二、项目目标

1）掌握 PLC 的并行性流程步进指令的应用。

2）掌握 PLC 编程的基本方法和技巧。

3）掌握十字路口交通信号灯 PLC 控制电路的外部接线。

4）应用 PLC 技术对十字路口交通信号灯实现控制。

三、项目分析

十字路口交通信号灯由东、南、西、北 4 个方向共 12 个信号灯组成，由于南北方向信号灯同步，东西方向信号灯也同步，所以只考虑两个方向的信号灯即可，因此项目设计为 6 个灯（2 红灯、2 绿灯、2 黄灯）亮灭时长及亮灭顺序的 PLC 控制系统。

整个控制过程为：按下起动按钮，东西方向绿灯亮 20s 后，绿灯 3s 闪烁 3 次再熄灭，东西方向黄灯亮 2s 后熄灭，同时南北方向红灯亮 25s；之后东西方向红灯亮 40s，同时南北方向绿灯亮 35s 后，3s 闪烁 3 次再熄灭，南北方向黄灯亮 2s 熄灭，依次循环。

四、知识准备

分析十字路口交通实现灯控制，起动后，南北方向和东西方向信号灯同时工作，一个周期为 65s。两个工作流程同时开始、同时结束，属于并行操作。下面结合十字路口交通实现灯的控制，学习并行分支的编程方法，实现对十字路口交通实现灯的控制任务。

并行分支就是当满足某个条件后使多条分支流程同时执行的多分支流程。并行分支示例如图 9-2 所示。

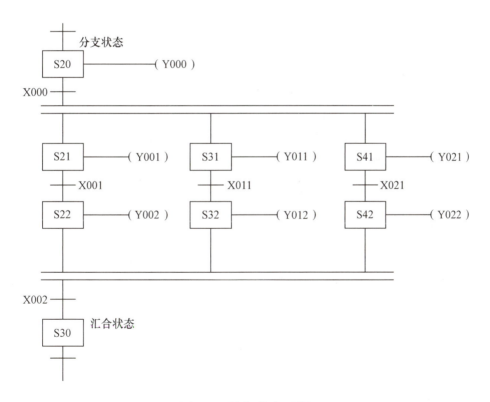

图 9-2　并行分支示例

在图 9-2 中，S20 为分支状态。S20 动作，若并行处理条件 X000 接通，则

S21、S31 和 S41 同时动作，三个分支同时开始运行。S30 为汇合状态。三个分支流程运行全部结束后，汇合条件 X002 为 ON，则 S30 动作，S22、S32 和 S42 同时复位。

图 9-2 对应的梯形图如图 9-3 所示。

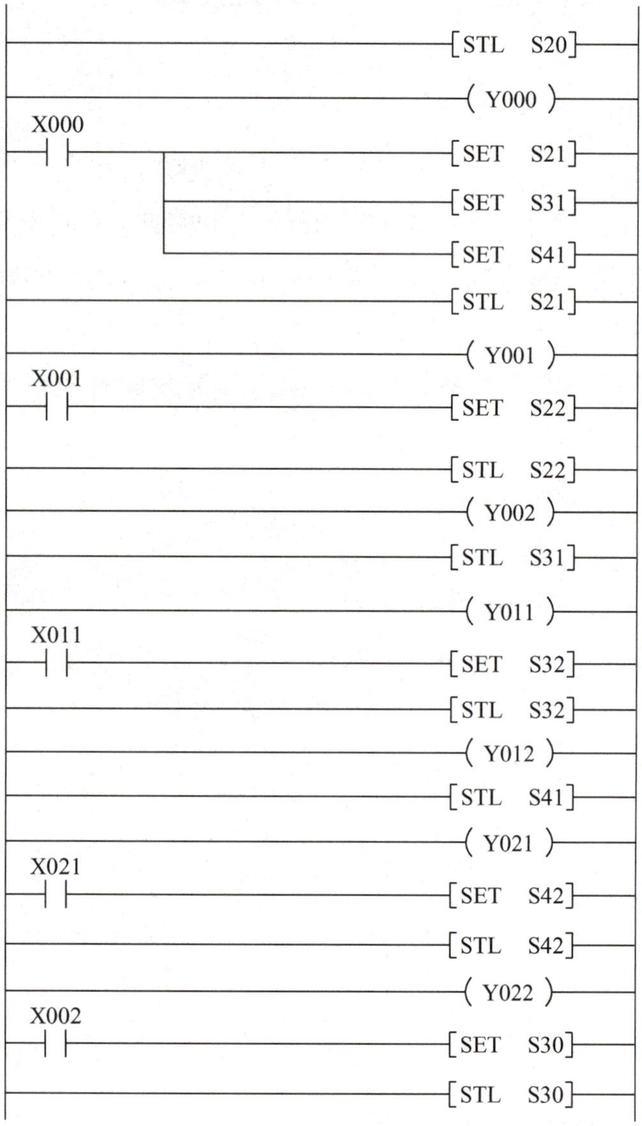

```
                                          [STL  S20]
                                          ( Y000 )
        X000
         | |                              [SET  S21]
                                          [SET  S31]
                                          [SET  S41]
                                          [STL  S21]
                                          ( Y001 )
        X001
         | |                              [SET  S22]
                                          [STL  S22]
                                          ( Y002 )
                                          [STL  S31]
                                          ( Y011 )
        X011
         | |                              [SET  S32]
                                          [STL  S32]
                                          ( Y012 )
                                          [STL  S41]
                                          ( Y021 )
        X021
         | |                              [SET  S42]
                                          [STL  S42]
                                          ( Y022 )
        X002
         | |                              [SET  S30]
                                          [STL  S30]
```

图 9-3 并行分支梯形图

五、器材准备

本项目所需元器件见表 9-1。

表 9-1　元器件选用表

符号	名称	型号	规格	数量
PLC	可编程序控制器	FX3U–48MR		1
	交通灯模块	通用		1
	网孔板	通用	650mm × 500mm × 50mm	1
	电工工具	通用	包含万用表、螺钉旋具、剥线钳等	1

六、项目实施

根据上述准备内容对十字路口交通信号灯的动作进行 PLC 程序的编写。

（一）确定 I/O 分配表

十字路口交通信号灯 PLC 控制的 I/O 分配见表 9-2。

表 9-2　十字路口交通信号灯 PLC 控制的 I/O 分配表

输入（I）		输出（O）	
设备	端口编号	设备	端口编号
起动 SB1	X000	东西绿	Y010
停止 SB2	X001	东西黄	Y011
		东西红	Y012
		南北绿	Y013
		南北黄	Y014
		南北红	Y015

（二）画出 PLC 的外部接线

十字路口交通灯 PLC 外部接线图如图 9-4 所示。

按照接线图完成接线，连接 PLC 的输入、输出端元件和地线，注意不能带电操作。

（三）十字路口交通信号灯顺序控制的状态转移图

十字路口交通信号灯顺序控制工作流程图如图 9-5 所示，其状态转移图如图 9-6 所示。

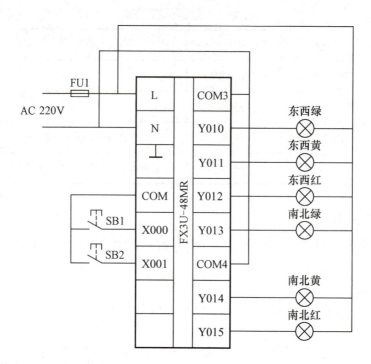

PLC 控制十字路口交通信号灯接线

图 9-4 十字路口交通灯信号 PLC 外部接线图

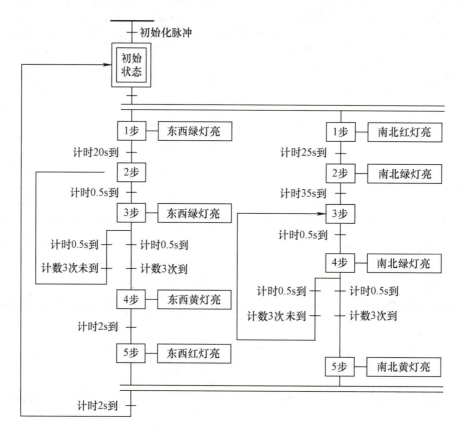

图 9-5 十字路口交通灯工作流程图

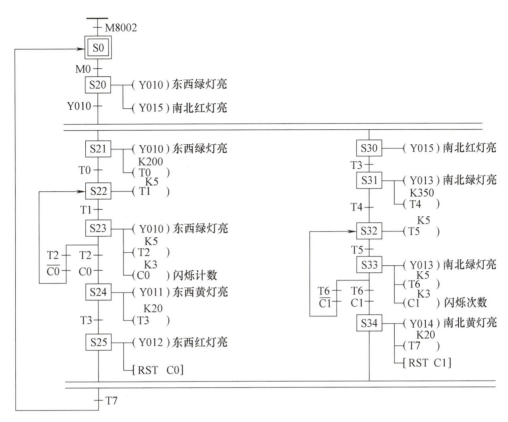

图 9-6　十字路口交通灯顺序控制的状态转移图

（四）程序编写

编辑完成的梯形图如图 9-7 所示。

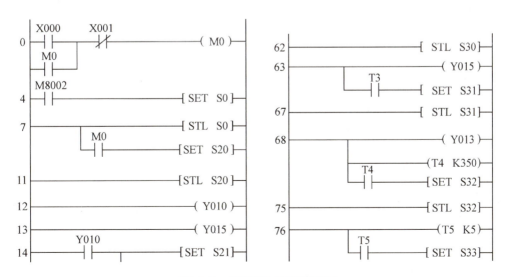

图 9-7　编辑完成的梯形图

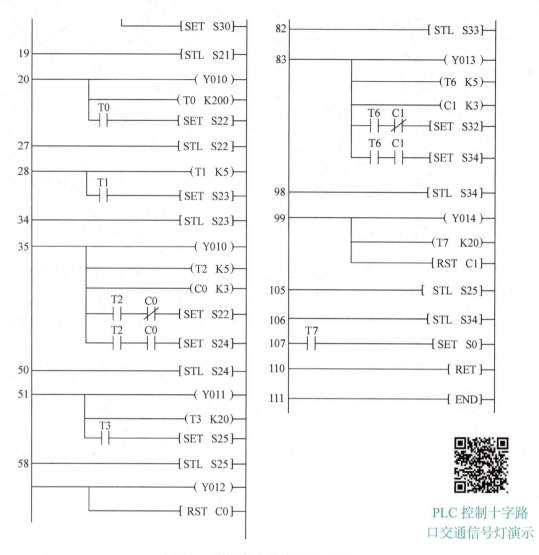

图 9-7 编辑完成的梯形图（续）

PLC 控制十字路
口交通信号灯演示

（五）程序调试

在计算机中编写的梯形图经过程序检查无误后，进行变换并传至 PLC。首先，在不接通主电路电源的情况下空载调试，然后接通主电源进行系统调试。

七、项目拓展

请观察学校周围路口的交通情况。根据车流量的大小设计合理的交通信号灯 PLC 控制程序。

项目十　PLC 控制循环彩灯

每当夜幕降临，城市里各种各样的霓虹灯都亮了起来，展示着它们的风采。本项目以此为背景，完成一种循环彩灯的制作。

一、项目引入

广告灯"某某五星级大酒店"8 个字按一定的规律点亮或熄灭，每个字的背后对应 1 盏灯，即控制 8 盏灯按一定规律点亮或熄灭。按下起动按钮，每隔 0.2s，灯依次向右点亮一盏，直至 8 盏灯全部点亮，5s 后，灯开始每隔 0.2s 依次向左熄灭。然后每隔 0.2s，灯又依次向右点亮一盏，直至 8 盏灯全部点亮，5s 后，灯开始每隔 0.2s 依次向左熄灭，依此往复循环。按下停止按钮，所有灯均熄灭。循环彩灯装置如图 10-1 所示。

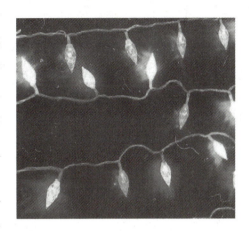

图 10-1　循环彩灯装置

二、项目目标

1）掌握 PLC 的 SFTR（P）、SFTL（P）等移位指令的应用。

2）掌握 PLC 编程元件 D 的使用。

3）掌握 PLC 编程的基本方法和技巧。

4）掌握循环彩灯 PLC 的外部接线及操作。

5）应用 PLC 技术对循环彩灯进行控制。

三、项目分析

8 盏灯在每一个循环中有 17 种状态，16 种状态各持续 0.2s，每组状态持续 5s。输入信号有起动按钮为 SB1、停止按钮为 SB2。输出信号有 8 盏灯。

四、知识准备

根据前面所学的编程知识使用基本指令、步进指令设计程序较为复杂，且可读性差。为此，三菱 PLC 增设了大量的功能指令，给用户编制程序带来很大方便。下面介绍完成本项目所需的移位指令。

（一）移位指令

1. 位右移指令 SFTR

SFTR 指令的要素：SFTR 指令右移目标操作数 D（·）为首地址的 n1 位元件。组合中的数据右移 n2 位，其低 n2 位溢出，而高 n2 位由源操作数 S（·）为首地址的 n2 位数据移入替代。指令要素见表 10-1。

表 10-1　SFTR 指令要素

指令名称	助记符	操作数范围				程序步
		S（·）	D（·）	n1	n2	
位右移	SFTR SFTR（P）	X、Y、M、S	Y、M、S	K、H		SFTR、SFTR（P） 9 步

指令的执行形式：SFTR 指令为连续执行型，SFTR（P）指令为脉冲执行型。

操作数：D（·）是目标操作数，存放目标位组合元件的首地址，n1 为目标位组合元件的位数；S（·）是源操作数，存放源位组合元件的首地址，n2 为源操作数的位数。

2. 位左移指令 SFTL

SFTL 指令的要素：SFTL 指令左移目标操作数 D（·）为首地址的 n1 位元件。组合中的数据左移 n2 位，其高 n2 位溢出，而低 n2 位由源操作数 S（·）为首地址的 n2 位数据移入替代。指令要素见表 10-2。

表 10-2　SFTL 指令要素

指令名称	助记符	操作数范围				程序步
		S（·）	D（·）	n1	n2	
位左移	SFTL SFTL（P）	X、Y、M、S	Y、M、S	K、H		SFTR、SFTR（P） 9 步

指令的执行形式：SFTL 指令为连续执行型，SFTL（P）指令为脉冲执行型。

操作数：D（·）是目标操作数，存放目标位组合元件的首地址，n1 为目标位组合元件的位数；S（·）是源操作数，存放源位组合元件的首地址，n2 为源操作数的位数。应用举例如图 10-2 所示。

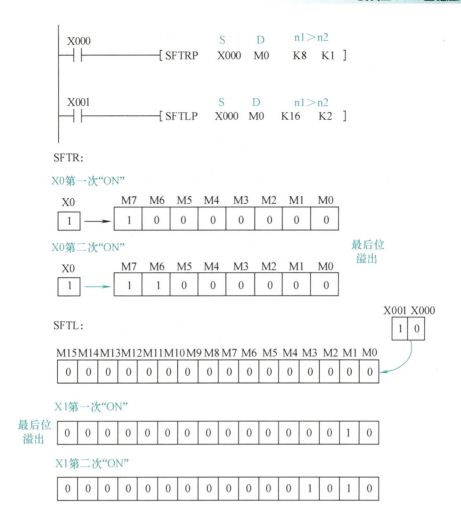

图 10-2 应用举例

3. 区间复位指令 ZRST

ZRST 指令的要素：ZRST 指令是将目标操作数 D1（·）和 D2（·）为地址的区间所有软元件复位，也称为成批复位指令，其指令要素见表 10-3。

表 10-3 ZRST 指令的要素

指令名称	助记符	操作数范围		程序步
		D1（·）	D2（·）	
区间复位	ZRST ZRST（P）	Y、M、S、T、C、D（D1≤D2）		ZRST、ZRST（P）5 步

ZRST 指令的执行形式：ZRST 指令为连续执行型，ZRST（P）指令为脉冲执行型。

操作数：ZRST 指令无源操作数，复位的对象是目标操作数 D1（·）～ D2（·）指定区间的所有软元件，其中 D1（·）指定的元件号不大于 D2（·）指定的元件号，且 D1（·）和 D2（·）指定的元件类型必须相同。

（二）PLC 编程元件 D

数据寄存器使用字母 D 进行标志。数据寄存器主要用于存放各种数据。FX3U 系列 PLC 中每一个数据寄存器的长度为双字节（16 位），可用两个数据寄存器合并构建一个 4 字节（32 位）数据。FX3U 系列 PLC 数据寄存器见表 10-4。

表 10-4　FX3U 系列 PLC 数据寄存器

名称	通用数据寄存器	断电保持数据寄存器	特殊寄存器	变址寄存器
点数	D0 ～ D199	D200 ～ D7999	D8000 ～ D8255	V/Z
功能	只要不写入其他数据，已写入的数据不会变化。但是，由 RUN → STOP 时，全部数据均清零。（若特殊辅助继电器 M8033 已被驱动，则数据不被清零）	除非改写，原有数据不会丢失	监控 PLC 的运行状态	通常用来修改元件的地址编号。V 和 Z 都是 16 位寄存器，可以进行数据读写操作

五、器材准备

本项目所需元器件见表 10-5。

表 10-5　元器件选用表

符号	名称	型号	规格	数量
PLC	可编程序控制器	FX3U–48MR		1
	彩灯模块	通用		1
	网孔板	通用	650mm × 500mm × 50mm	1
	电工工具	通用	包含万用表、螺钉旋具、剥线钳等	1

六、项目实施

根据上述准备内容对循环彩灯控制进行 PLC 程序的编写。

（一）确定 I/O 分配表

循环彩灯 PLC 控制 I/O 分配见表 10-6。

表 10-6　循环彩灯 PLC 控制 I/O 分配表

输入（I）		输出（O）	
设备	端口编号	设备	端口编号
起动按钮 SB1	X001	某	Y010
停止按钮 SB2	X002	某	Y011
		五	Y012
		星	Y013
		级	Y014
		大	Y015
		酒	Y016
		店	Y017

（二）PLC 的外部接线

循环彩灯 PLC 外部接线图如图 10-3 所示。

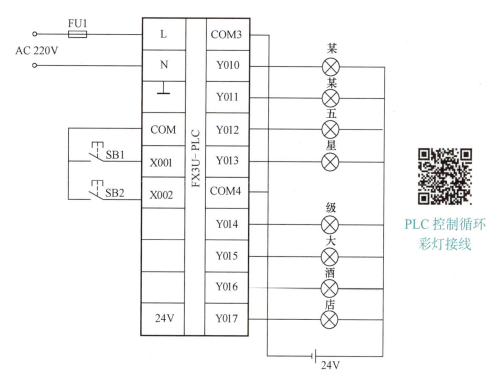

PLC 控制循环
彩灯接线

图 10-3　循环彩灯 PLC 外部接线图

按照接线图完成接线，连接 PLC 的输入、输出端元件和地线，注意不能带电操作。

（三）程序编写

步骤 1：起动与循环控制程序设计。利用辅助继电器 M2 实现起动控制程序设计，利用 C1、C2 实现程序循环设计，如图 10-4 所示。

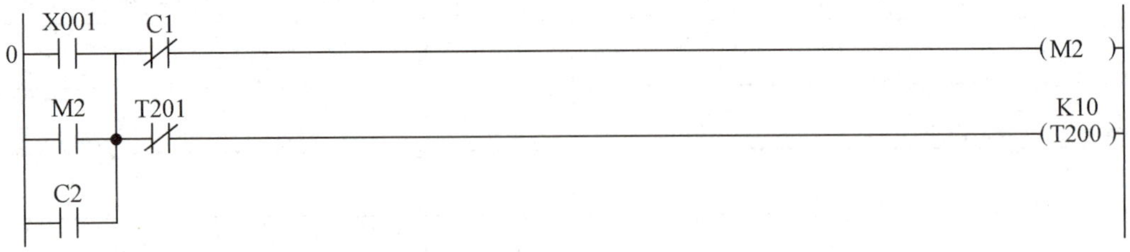

图 10-4　利用 C1、C2 实现程序循环设计

步骤 2：脉冲振荡电路设计。使用脉冲振荡电路实现每隔 0.2s 灯的变化，如图 10-5 所示。

a) 脉冲振荡电路(一)

b) 脉冲振荡电路(二)

图 10-5　脉冲振荡电路

步骤 3：8 盏灯变化计数设计。利用计数器 C1、C2 实现灯向右、向左依次变化时计数 8 次 8 盏灯的变化，如图 10-6 所示。

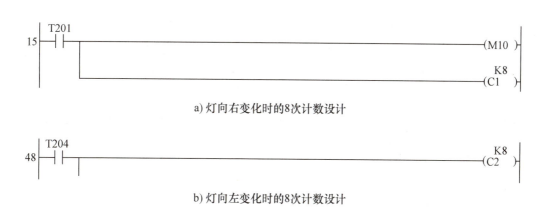

a) 灯向右变化时的 8 次计数设计

b) 灯向左变化时的 8 次计数设计

图 10-6　灯向右、向左依次变化时的 8 次计数设计

步骤 4：灯变化方向的设计。利用 SFTRP 指令实现灯变化的右移设计，如图 10-7 所示。利用 SFTL 指令实现灯变化的左移设计，如图 10-8 所示。

图 10-7　利用 SFTRP 指令实现灯变化的右移设计

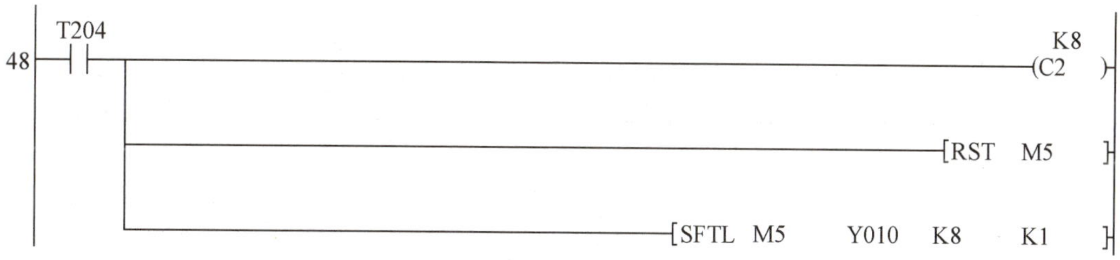

图 10-8　利用 SFTL 指令实现灯变化的左移设计

步骤 5：停止控制设计。利用 ZRST 指令实现停止控制设计，如图 10-9 所示。

图 10-9 利用 ZRST 指令实现停止控制设计

步骤 6：编辑完成的梯形图如图 10-10 所示。

图 10-10 编辑完成的梯形图

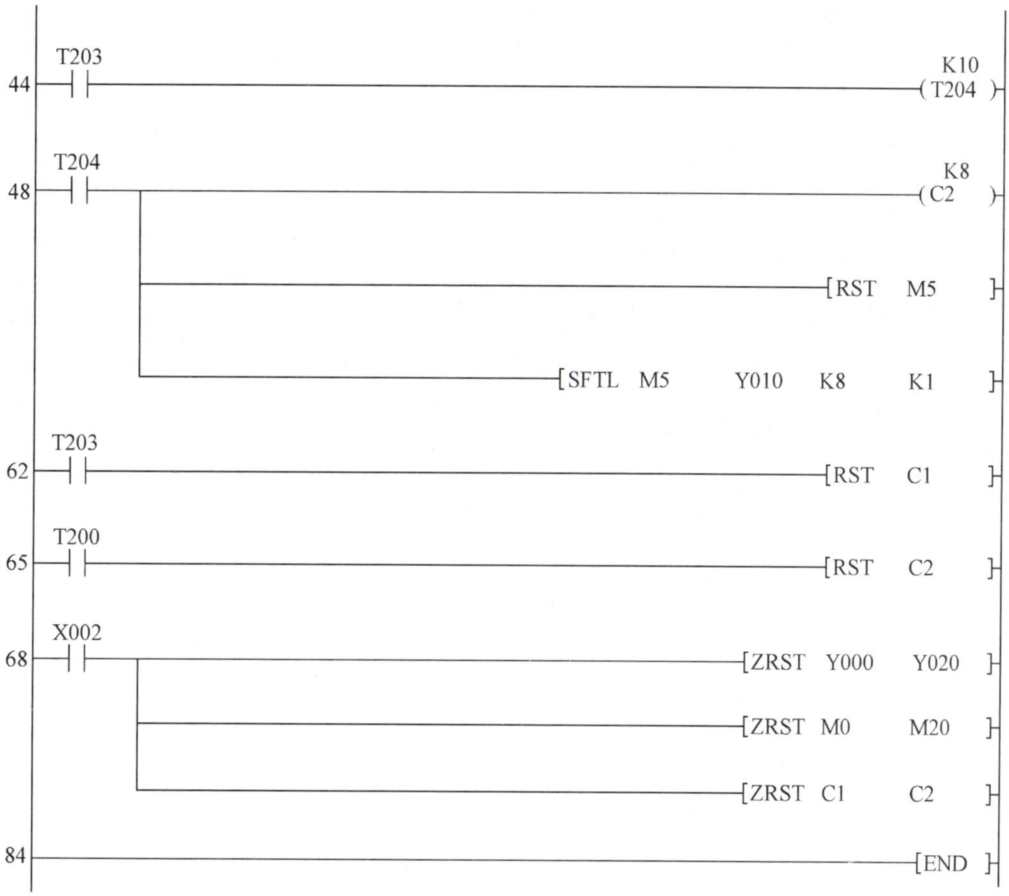

图 10-10　编辑完成的梯形图（续）

（四）程序调试

在计算机中编写的梯形图经过程序检查无误后，进行变换并传至 PLC。首先，在不接通主电路电源的情况下空载调试，然后接通主电源进行系统调试。

1）按下起动按钮 SB1，中间继电器 M2 实现自锁。T200、T201 依次得电，实现每隔 0.2s 灯依次向右点亮，直至 8 盏灯全部点亮。

2）5s 后，T203、T204 依次得电，实现每隔 0.2s 灯依次向左熄灭，直至 8 盏灯全部熄灭。

3）0.2s 后，灯每隔 0.2s 又依次向右点亮，5s 后灯每隔 0.2s 依次向左熄灭，往复循环。

4）按下停止按钮 SB2，所有动作均停止。

七、项目拓展

（一）循环右移指令 ROR

循环右移指令 ROR 能使 16 位数据、32 位数据向右循环移位，如图 10-11 所示。当 X004 由 OFF → ON 时，[D] 内各位数据向右移 n 位，最后一次从最低位移出的状态存于进位标志 M8022 中。若用连续指令执行时，循环移位操作每个周期执行一次。若 [D] 为指定位元件，则只有 K4（16 位指令）或 K8（32 位指令）有效。

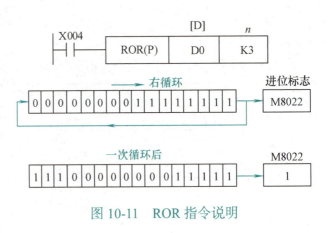

图 10-11　ROR 指令说明

（二）循环左移指令 ROL

循环左移指令 ROL 能使 16 位数据、32 位数据向左循环移位，如图 10-12 所示。当 X001 由 OFF → ON 时，[D] 内各位数据向左移 n 位，最后一次从最高位移出的状态存于进位标志 M8022 中。若用连续指令执行时，循环移位操作每个周期执行一次。若 [D] 为指定位软元件，则只有 K4（16 位指令）或 K8（32 位指令）有效。

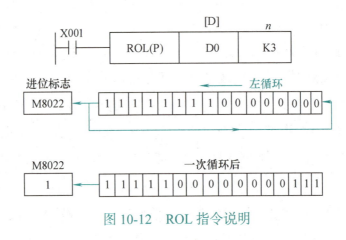

图 10-12　ROL 指令说明

项目十一　PLC 控制水塔水位

在日常生活和工农业生产过程中，经常需要对水塔水位、水电站水位等进行测量和控制。本项目采用 PLC 进行水位控制，与传统控制相比，可以更好地节能增效，提高供水系统质量。

一、项目引入

某单位需要给职工宿舍楼安装供水装置，采用水泵从蓄水池抽水向水塔供水，再分流至户内的方案。供水采用手动和自动两种控制方式。水塔和蓄水池内都设有高低水位开关，当水塔达到高水位时，水泵停止向水塔供水；当蓄水池达到高水位时，将停止向蓄水池注水。水塔满水或蓄水池内缺水时，水泵禁止工作。供水塔装置如图 11-1 所示。

图 11-1　供水塔装置

二、项目目标

1）掌握跳转指令 CJ 的使用。

2）掌握 PLC 编程的基本方法和技巧。

3）掌握水塔水位 PLC 外部接线及操作。

4）应用 PLC 技术对水塔水位进行控制。

三、项目分析

本项目主要是通过水塔和蓄水池内高低水位的检测，对水泵电动机 M 和电磁阀 YV 两个设备进行自动和手动控制，进而满足供水要求，如图 11-2 所示。手动控制由按钮 SB1（控制水泵电动机 M 抽水至水塔）和按钮 SB2（控制电磁阀 YV 向蓄水池注水）来操作。自动控制的具体要求如下：

水泵电动机 M：当水塔水位处于低水位（限位开关 SQ3）且蓄水池水位处于高水位（限位开关 SQ2）处，电动机 M 起动抽水；当水塔水位处于高水位（限位开关 SQ4）时，电动机 M 停止抽水。当蓄水池处于低水位（限位开关 SQ1）时，电动机 M 不能起动。

电磁阀 YV：当蓄水池水位处于低水位（限位开关 SQ1）时，电磁阀接通开始供水；当蓄水池水位处于高水位（限位开关 SQ2）时，电磁阀断开停止供水。

两种操作控制由转换开关 SA 和条件跳转指令（CJ）实现。

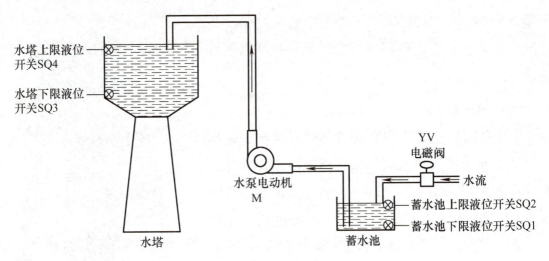

图 11-2　水塔水位自动控制

四、知识准备

1. 条件跳转指令 CJ 概述

条件跳转指令 CJ 是三菱 PLC 程序设计中的功能指令，其助记符、操作数、程序步等指令要素见表 11-1。

表 11-1　CJ 指令要素

指令名称	助记符	操作数	程序步
		D（·）	
条件跳转	CJ CJ（P）	P0～P127 P63 位 END，不作为跳转标记	CJ、CJ（P）3 步 标号 P　1 步

当跳转条件成立时，使用条件跳转指令跳过一段程序，至指令中所标明的标号处继续执行；当跳转条件不成立时，则继续按程序顺序执行。这样可以减少扫描时间并使"双线圈操作"成为可能。双线圈不可以一个在跳转程序内，一个在跳转程序外。

2. 条件跳转指令 CJ 应用举例

条件跳转指令 CJ 应用举例如图 11-3 所示。

当 X000 接通时，则由 CJ　P8 指令跳转到标号为 P8 的指令处开始执行，跳过了程序的一部分，减少了扫描周期。当 X000 为断开状态时，跳转不执行，程序仍按原顺序执行。

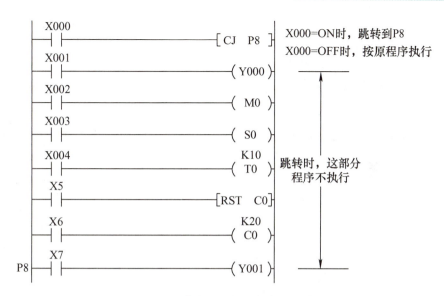

图 11-3　条件跳转指令应用举例

3. 条件跳转指令 CJ 的使用注意事项

1）CJ（P）指令为脉冲执行方式。

2）在一个程序中，同一标号只能出现一次，不能重复使用，但是可以多次引用（即可以从不同的地方跳转到同一标号处），如图 11-4 所示。

3）标号一般设在相关的跳转指令之后，也可以设在跳转指令之前，如图 11-5所示。

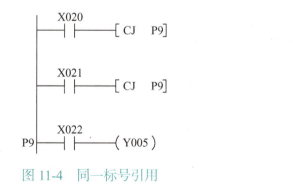

图 11-4　同一标号引用

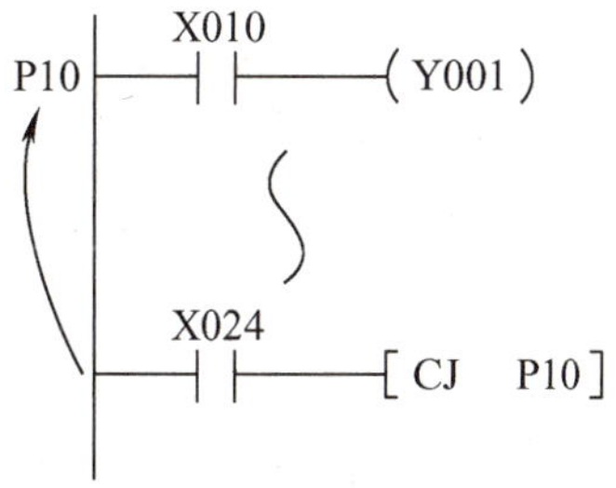

图 11-5　标号设在跳转指令之前

4）在条件跳转指令执行期间，被跳过的程序段中的各种继电器、状态器、定时器将保持跳转发生前的状态不变。

5）被跳过的程序段中的定时器和计数器，无论是否具有掉电保持功能，在跳转执行期间，它们的当前值都将被锁定。若跳转条件不满足，则继续工作。特别需要指出的是，对于正在工作的定时器 T192～T199 和高速计数器 C235～C255，无论有无跳转，仍继续工作。

6）若积算定时器和计数器的复位（RST）指令在跳转区外，即使它们的线圈被跳转，但对它们的复位仍然有效。

7）采用 M8000 作为跳转条件时，跳转将变成无条件跳转。

五、器材准备

本项目所需元器件见表 11-2。

表 11-2 元器件选用表

符号	名称	型号	规格	数量
PLC	可编程序控制器	FX3U–48MR		1
	水塔水位模块	通用		1
	网孔板	通用	650mm × 500mm × 50mm	1
	电工工具	通用	包含万用表、螺钉旋具、剥线钳等	1

六、项目实施

根据上述准备内容对水塔水位控制进行 PLC 程序的编写。

（一）确定 I/O 分配表

水塔水位 PLC 控制的 I/O 分配见表 11-3。

表 11-3 水塔水位 PLC 控制 I/O 分配表

输入（I）		输出（O）	
设备	端口编号	设备	端口编号
水塔手动按钮 SB1	X001	水泵电动机 M	Y010
蓄水池手动按钮 SB2	X002	电磁阀 YV	Y011
蓄水池低水位限位开关 SQ1	X003		
蓄水池高水位限位开关 SQ2	X004		
水塔低水位限位开关 SQ3	X005		
水塔高水位限位开关 SQ4	X006		
方式转换开关 SA	X007		

（二）PLC 的外部接线

水塔水位的 PLC 外部接线如图 11-6 所示。

PLC 控制水塔
水位接线

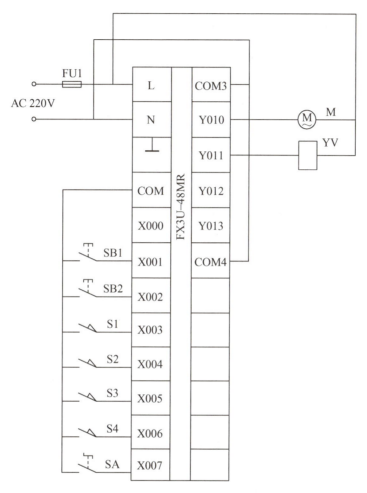

图 11-6　PLC 外部接线图

按照接线图完成接线，连接 PLC 的输入、输出端元件和地线，注意不能带电操作。

（三）程序编写

步骤 1：水泵电动机 M 控制程序。

水塔水位处于低水位时，水泵电动机 M 通电工作；水塔水位处于高水位时，水泵电动机 M 断电停止。当 X005 的下降沿由 ON 变为 OFF 时，水泵电动机 M 的线圈 Y010 得电，开始工作。抽水至 X006 为 ON 时，X006 常闭触点断开，水泵电动机 M 的线圈 Y010 失电，停止工作。当蓄水池缺水时，开启防保护功能，即 X003 为 OFF 时，水泵电动机 M 的线圈 Y010 不得电，水泵电动机 M 不能工作。水泵电动机 M 的 PLC 控制程序如图 11-7 所示。

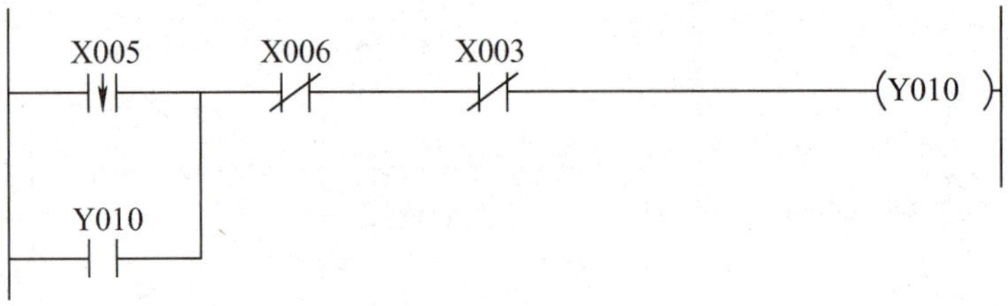

图 11-7　水泵电动机 M 的 PLC 控制程序

步骤 2：电磁阀 YV 控制程序。

当蓄水池水位低于低水位，X003 的下降沿由 ON 变为 OFF 时，且高水位开关 X004 为 OFF 状态，电磁阀 YV 的线圈 Y011 得电，电磁阀开始工作向蓄水池注水。当 X004 为 ON 状态，电磁阀 YV 的线圈 Y011 失电，电磁阀停止工作。电磁阀 YV 的 PLC 控制程序如图 11-8 所示。

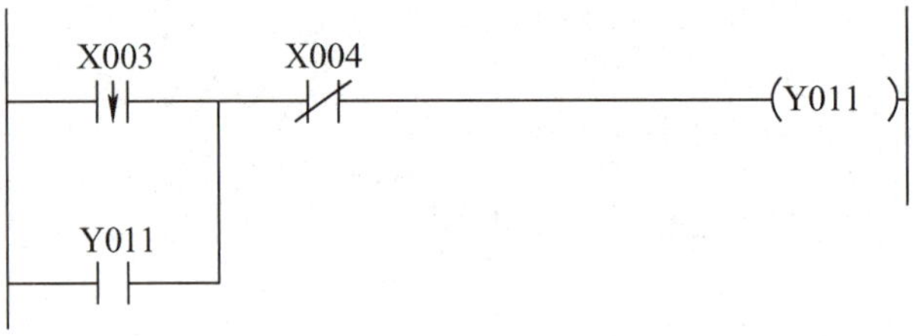

图 11-8　电磁阀 YV 的 PLC 控制程序

步骤 3：水塔水位手动控制程序设计。

水塔水位手动的 PLC 控制程序如图 11-9 所示。

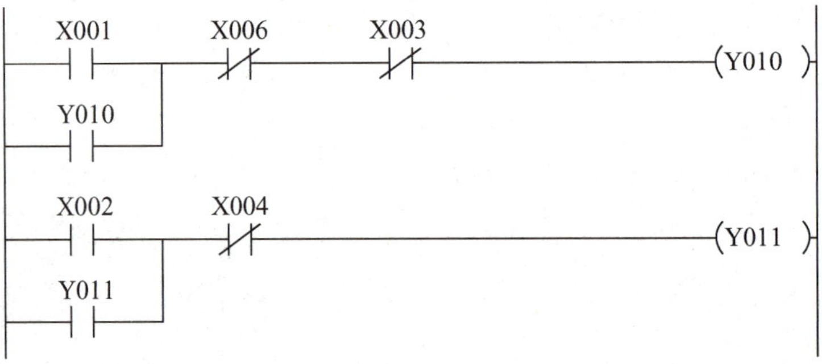

图 11-9　水塔水位手动 PLC 控制程序

步骤 4：编辑完成的梯形图如图 11-10 所示。

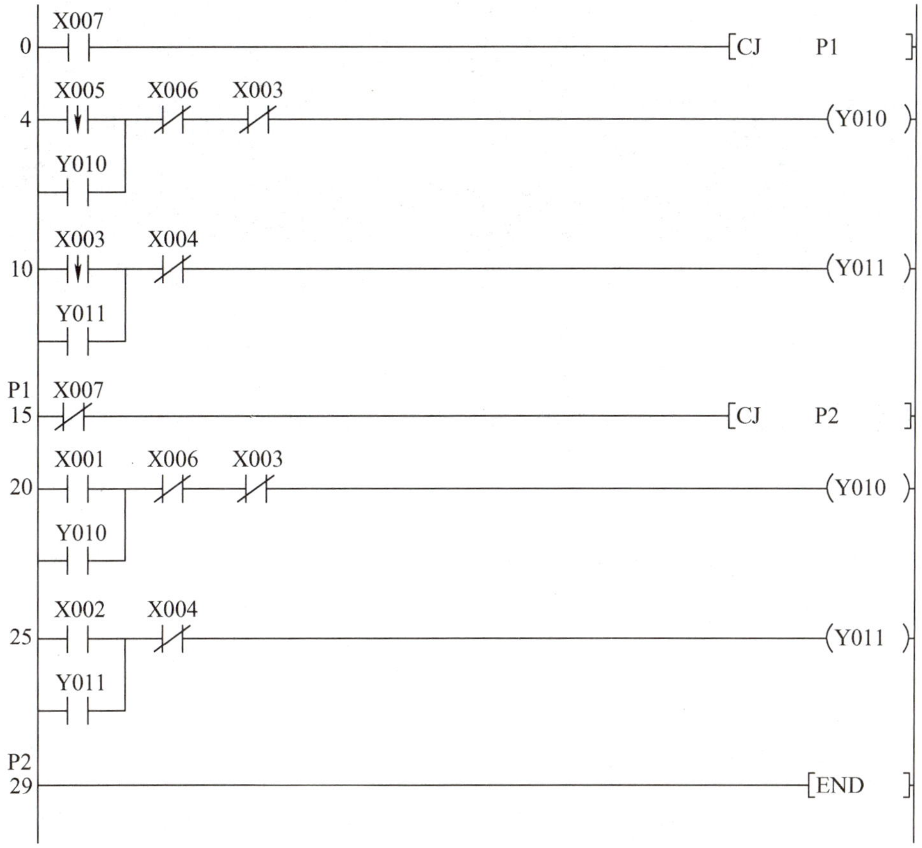

```
        X007
   0    ─┤├──────────────────────────────────────────[CJ    P1 ]

        X005    X006    X003
   4    ─┤↓├────┤/├────┤/├───────────────────────────(Y010 )
        Y010
        ─┤├─┘

        X003    X004
  10    ─┤↓├────┤/├───────────────────────────────────(Y011 )
        Y011
        ─┤├─┘

   P1   X007
  15    ─┤/├──────────────────────────────────────────[CJ    P2 ]

        X001    X006    X003
  20    ─┤├────┤/├────┤/├───────────────────────────(Y010 )
        Y010
        ─┤├─┘

        X002    X004
  25    ─┤├────┤/├───────────────────────────────────(Y011 )
        Y011
        ─┤├─┘

   P2
  29    ──────────────────────────────────────────────[END ]
```

图 11-10　编辑完成的梯形图

（四）程序调试

在计算机中编写的梯形图经过程序检查无误后，进行变换并传至 PLC。首先，在不接通主电路电源的情况下空载调试，然后接通主电源进行系统调试。

七、项目拓展

编写一个带报警功能的水位控制程序。要求水塔低水位和蓄水池低水位时，报警铃、报警灯的声响、闪烁都不同。

模块三

PLC 拓展应用

项目十二　变频器的认识与使用

一、项目引入

现代各行业不同的生产设备要求有不同的运行速度，甚至一台生产设备在不同的生产过程中也可能需要不同的运行速度。电动机需要调速主要是由于电动机所服务的对象不同而提出的要求，例如，数控机床在加工零部件时，根据工艺要求需要不同的转速；空调器根据制冷量或制热量的不同，要求调节压缩机的运转速度等。这些就是工程上所讲的调速问题。

在工业生产中，为电机设备安装变频器，可以大幅节约能源，像风机、泵类设备采用变频调速后，节电率可以达到 20%～60%。因此，变频器的使用对我国推动绿色低碳的生产和生活方式有非常重要的意义。

二、项目目标

1）理解变频器的含义及分类。

2）了解变频器的使用注意事项。

3）掌握三菱 FR-E740 型变频器的基本操作。

4）掌握变频器参数的设定方法。

三、项目分析

变频调速是改变电动机定子电源的频率，从而改变其同步转速的调速方法，变频调速系统的主要设备是提供变频电源的变频器。

变频器是利用电力半导体器件的通断作用将工频电源变换为另一频率电源的电能控制装置。

四、知识准备

变频器有以下几种分类方式。

1. 按输入电压等级分类

变频器按输入电压等级的不同可分低压变频器（110V、220V、380V）、中压变频器（500V、660V、1140V）和高压变频器（3kV、6kV、10kV）。控制方式一般是按高 – 低 – 高变频器或高 – 高变频器方式进行变换的。

2. 按频率变换的方法分类

变频器按频率变换方法的不同分为交 – 交型变频器和交 – 直 – 交型变频器。交 – 交型变频器可将工频交流电直接转换成频率、电压均可以控制的交流电，故称为直接式变频器。交 – 直 – 交型变频器则是先把工频交流电通过整流装置转变成直流电，然后再把直流电变换成频率、电压均可以调节的交流电，故又称为间接式变频器。

3. 按直流电源的性质分类

在交 – 直 – 交型变频器中，按主电路电源变换成直流电源的性质分为电压型变频器和电流型变频器。

注意：

1）严禁将变频器的输出端子 U、V、W 连接到交流（AC）电源上。

2）变频器要正确接地，接地电阻应小于 10Ω。

3）变频器存放两年以上，通电时应先用调压器逐渐升高电压。

4）变频器断开电源后，待几分钟后方可维护操作。

5）变频器驱动三相交流电动机长期低速运行时，建议选用变频电动机。

6）变频器驱动电动机长期超过 50Hz 运行时，应保证电动机轴承等机械装置在额定速度范围内，注意电动机和设备的振动、噪声。

7）变频器驱动减速箱、齿轮等需要润滑的机械装置，在长期低速运行时应注意润滑效果。

8）变频器与电动机之间连线过长时，应加装输出电抗器；对电动机进行绝缘检测时，必须将变频器与电动机连线断开。

9）变频器输入侧与电源之间应安装断路器和熔断器；严禁在变频器的输入侧使用接触器等开关器件进行频繁起停操作。

10）在变频器的输出侧严禁连接功率因数补偿器、电容、防雷压敏电阻，严禁安装接触器、开关器件。

五、器材准备

本项目所需元器件见表 12-1。

表 12-1　元器件选用表

名称	型号	规格	数量
变频器	FR-E740	0.75kW、400V	1
网孔板	通用	650mm × 500mm × 50mm	1
电工工具	通用	包含万用表、螺钉旋具、剥线钳等	1
变频调速实训台	通用		1

六、项目实施

本项目以三菱 FR-E740 型变频器为载体进行学习。

（一）端子接线图

三菱 FR-E740 型变频器的端子接线图如图 12-1 所示。

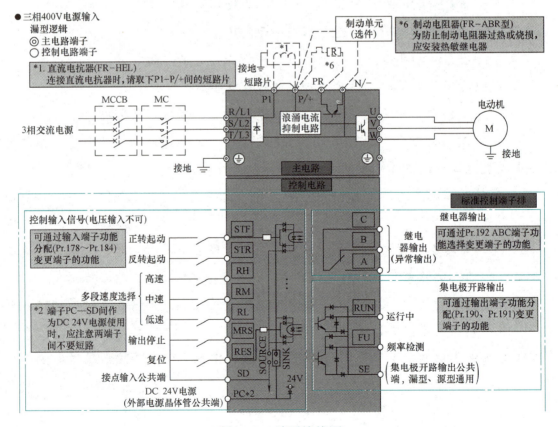

图 12-1　端子接线图

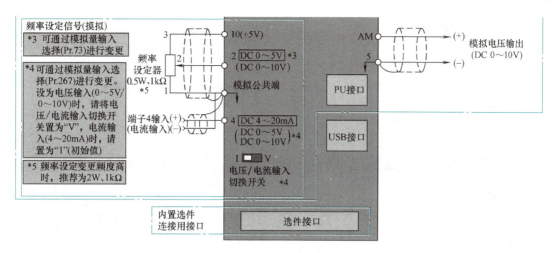

图 12-1 端子接线图（续）

（二）操作面板各部分名称

使用变频器之前，要熟悉它的面板显示和键盘操作单元，并且按使用现场的要求合理设置参数。通常利用固定在其上的操作面板实现。使用操作面板可以进行运行方式、频率的设定，运行指令监视，参数设定，错误表示等。操作面板如图 12-2 所示，其上半部为面板显示器，下半部为 M 旋钮和各种按键。

变频器操作
面板介绍

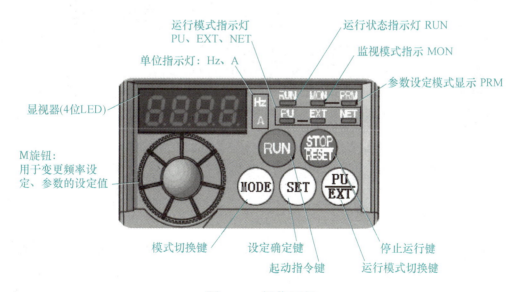

图 12-2 操作面板

（三）基本操作

基本操作如图 12-3 所示。

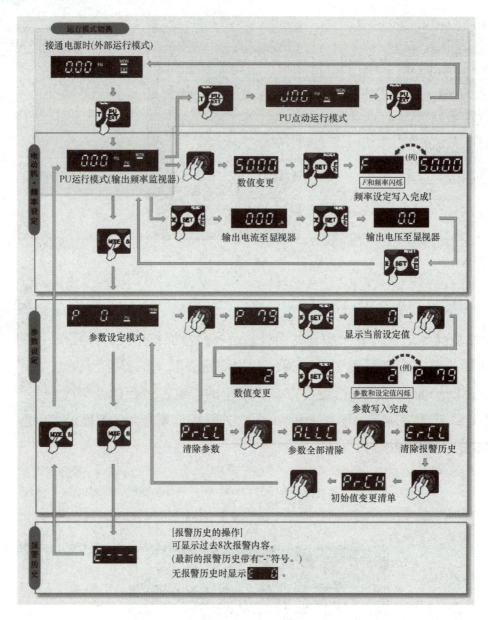

图 12-3　基本操作

（四）变频器的运行模式

在变频器不同的运行模式下，各种按键、M 旋钮的功能各异。所谓运行模式，是指对输入到变频器的起动指令和设定频率的命令来源的指定。

变更变频器
运行模式

在进行变频器操作以前，必须了解其各种运行模式，才能进行各项操作。变频器通过参数 Pr.79 的值指定变频器的运行模式，设定值范围为 0～4，6、7，这 7 种运行模式的内容请参照使用手册。

变频器出厂时，参数 Pr.79 设定值为 0。当停止运行时，用户可以根据实际需要修改其设定值。

修改 Pr.79 设定值的一种方法是：

1）按 MODE 键使变频器进入参数设定模式。

2）旋动 M 旋钮，选择参数 Pr.79，用 SET 键确定。

3）然后再旋动 M 旋钮选择合适的设定值，用 SET 键确定。

4）两次按 MODE 键后，变频器的运行模式将变更为设定的模式。

图 12-4 是设定参数 Pr.79 举例。该例把变频器从固定外部运行模式变更为组合运行模式 1。

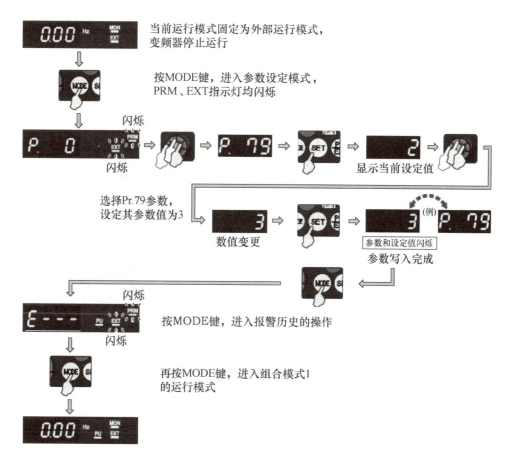

图 12-4　变更变频器的运行模式示例（设定参数 Pr.79）

（五）参数的设定

设定参数分两种情况，一种是在停机（STOP）时重新设定参数，这时可设定所有参数；另一种是在运行时设定，这时只允许设定部分参数，但是可以核对所有参数号及参数。

变更变频器参数

图 12-5 是变更参数的设定值示例，所完成的操作是把参数 Pr.1（上限频率）从出厂值 120.0Hz 变更为 50.0Hz，假定当前运行模式为外部 /PU 切换模式（Pr.79=0）。

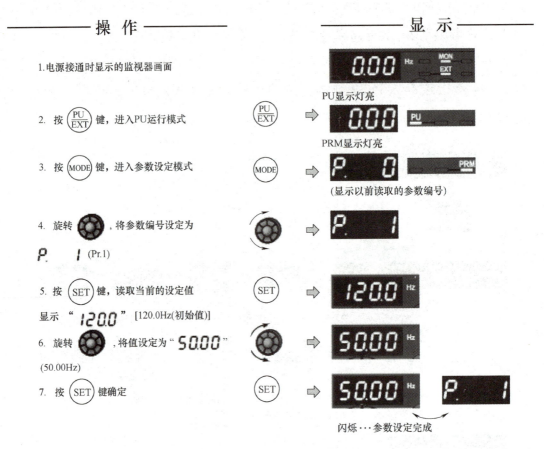

图 12-5　变更参数的设定值示例

举例：某传送带运输机工作过程如下：由操作人员选择运输机的运行频率，前进的运行频率分别为 10Hz、20Hz、40Hz；请设置变频器的参数。

分析：传送带运输机的动力由电动机提供，电动机正转方向即为运输机的前进方向，电动机是以 10Hz、20Hz、40Hz 三种频率运行的，需要设定的变频器参数及相应的参数值见表 12-2。

表 12-2　变频器参数设置

序号	参数代号	参数值	说明
1	P4	40Hz	高速
2	P5	20Hz	中速
3	P6	10Hz	低速
4	P79	2	外部运行模式

变频器的外部接线如图 12-6 所示。

请根据前面的学习进行变频器参数设置的练习。

七、项目拓展

变频器有几百个参数，实际使用时，只需根据使用现场的要求设定部分参数，其余按出厂设定即可。

请对以下常用参数进行设定：

1. 输出频率的限制（Pr.1、Pr.2、Pr.18）

为了限制电动机的速度，应对变频器的输出频率加以限制。用 Pr.1 "上限频率" 和 Pr.2 "下限频率" 来设定，可设置输出频率的上、下限位。

当变频器在 120Hz 以上运行时，用参数 Pr.18 "高速上限频率" 设定高速输出频率的上限。

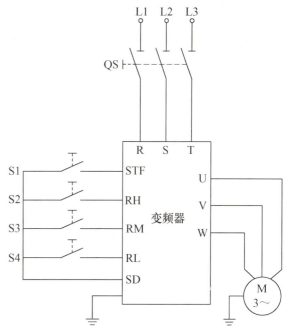

图 12-6　变频器外部接线图

2. 加、减速时间（Pr.7、Pr.8、Pr.20、Pr.21）

各参数的意义及设定范围见表 12-3。

表 12-3　加、减速时间相关参数的意义及设定范围

参数号	参数意义	出厂设定	设定范围	备注
Pr.7	加速时间	5s	0～3600/360s	根据 Pr.21 加、减速时间单位的设定值进行设定。初始值的设定范围为 "0～3600s"，设定单位为 "0.1s"
Pr.8	减速时间	5s	0～3600/360s	

（续）

参数号	参数意义	出厂设定	设定范围	备注
Pr.20	加、减速基准频率	50Hz	1 ～ 400Hz	
Pr.21	加、减速时间单位	0	0/1	0：0 ～ 3600s；单位：0.1s 1：0 ～ 360s；单位：0.01s

设定说明：

1）Pr.20 用于设定加、减速的基准频率，在我国就选为 50Hz。

2）Pr.7（加速时间）用于设定从停止到 Pr.20（加、减速基准频率）的加速时间。

3）Pr.8（减速时间）用于设定从 Pr.20（加、减速基准频率）到停止的减速时间。

3. 多段速运行模式的操作

在变频器在外部操作模式或组合操作模式 2 下，变频器可以通过外接开关器件的组合通断改变输入端子的状态来实现多段速控制功能。

FR-E740 型变频器的速度控制端子是 RH、RM 和 RL。通过这些开关的组合可以实现 3 段速、7 段速的控制。

转速的切换：由于转速的挡次是按二进制的顺序排列的，故 3 个输入端可以组合成 3 挡或 7 挡（0 状态不计）转速。其中，3 段速由 RH、RM、RL 单个通断来实现。7 段速由 RH、RM、RL 通断的组合来实现。

7 段速的各自运行频率则由参数 Pr.4 ～ Pr.6（设置前 3 段速的频率）、Pr.24 ～ Pr.27（设置第 4 段速至第 7 段速的频率）实现。对应的控制端状态及参数关系如图 12-7 所示。

多段速度设定在 PU 运行和外部运行中都可以设定。运行期间参数值也可以被改变。

3 速设定的场合（Pr.24 ～ Pr.27 设定为 9999），两速以上同时被选择时，低速信号的设定频率优先。

参数号	出厂设定	设定范围	备注
Pr.4	50Hz	0～400Hz	
Pr.5	30Hz	0～400Hz	
Pr.6	10Hz	0～400Hz	
Pr.24～Pr.27	9999	0～400Hz，9999	9999：未选择

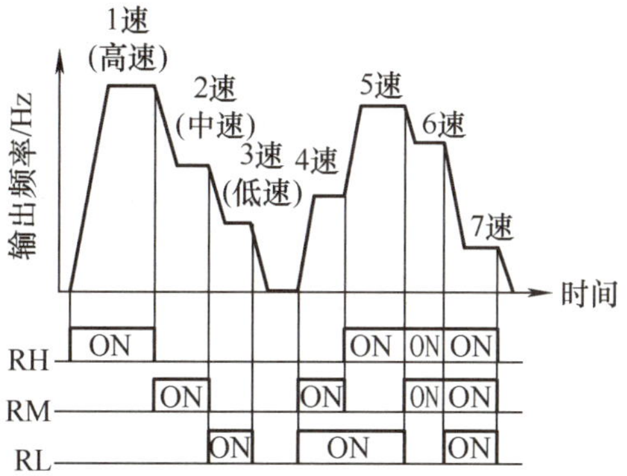

1速：RH单独接通，Pr.4设定频率

2速：RM单独接通，Pr.5设定频率

3速：RL单独接通，Pr.6设定频率

4速：RM、RL同时接通，Pr.24设定频率

5速：RH、RL同时接通，Pr.25设定频率

6速：RH、RM同时接通，Pr.26设定频率

7速：RH、RM、RL全通，Pr.27设定频率

图 12-7　多段速控制对应的控制端状态及参数关系

项目十三　组态软件的认识与使用

组态软件，又称组态监控系统软件，是指数据采集与过程控制的专用软件，通过灵活的组态方式，为用户提供快速构建工业自动控制系统监控功能、通用层次的软件工具，能够长时间稳定可靠地运行在工业现场。组态软件是工业领域信息化的核心基础软件，是智能制造的支撑软件之一，是新一代信息技术应用产业的关键环节之一。随着技术的发展，组态软件将会不断地被赋予新的内容，助力推动我国制造业高端化、智能化、绿色发展。

一、项目引入

组态与硬件生产相对照，组态与组装类似。例如，在组装一台计算机时，准备好各个部件，如主板、机箱、电源、硬盘、显示器、键盘、鼠标等，这些部件都有标准接口，按照固定的方法装在一起即可，这样的"组装方法"形式相对固定，人们在使用计算机时一般不会随意更换哪个硬件。软件中的组态要比硬件的组装有更大的发挥空间，因为它一般要比硬件中的"部件"更多，而且每个"部件"都很灵活，软部件都有内部属性，通过改变属性可以改变其规格（如大小、性状、颜色等）。

二、项目目标

1）理解组态的含义。

2）掌握人机界面的连接。

3）掌握组态软件的基本操作。

三、项目分析

组态与硬件生产相对照，组态与组装类似。例如：我们在组装一台计算机时，准备好各个部件，如主板、机箱、电源、硬盘、显示器、键盘、鼠标等，这些部件都有标准接口，按照固定方法装在一起即可，这样的"组装方法"形式相对固定，人们在使用计算机时一般不会随意更换哪个硬件。软件中的组态要比硬件的组装有更大的发挥空间，因为它一般要比硬件中的"部件"更多，每个"部件"都很灵活，且每个"部件"都有内部属性，通过改变属性可以改变其规格（如大小、性状、颜色等）。

简单地讲，组态就是用应用软件中提供的工具、方法完成工程中某一具体任务的过程。

四、知识准备

（一）组态软件的品牌

国外组态软件：InTouch、IFix、Citech、WinCC 等。

国内组态软件：MCGS（昆仑通态）、KingView（组态王）、Realinfo（紫金桥）、ForceControl（三维力控）等。

本项目以昆仑通态（MCGS）研发的人机界面 TPC7062Ti 为载体进行学习。

（二）认知 TPC7062Ti 人机界面

昆仑通态研发的人机界面 TPC7062Ti 在实时多任务嵌入式操作系统 Windows CE 环境中运行，由 MCGS 嵌入式组态软件组态。

该产品设计采用了 7in（1in=2.54cm）高亮度 TFT 液晶显示屏（分辨率为 800×480 像素），四线电阻式触摸屏（分辨率为 4096×4096 像素），色彩达 64K 彩色。

CPU 主板：以 ARM 结构嵌入式低功耗 CPU 为核心，主频为 400MHz，存储空间为 64MB。

（三）TPC7062Ti 人机界面的硬件连接

TPC7062Ti 人机界面的电源进线、各种通信接口均在其背面，如图 13-1 所示。其中，USB1 口用来连接鼠标和 U 盘等，USB2 口用作工程项目下载，COM（RS232）口用来连接 PLC、下载线和通信线。下载线和通信线如图 13-2 所示。

（四）TPC7062Ti 触摸屏与个人计算机的连接

TPC7062Ti 触摸屏是通过 USB2 口与个人计算机连接的，连接以前，个人计算机应先安装 MCGS 组态软件。

当需要在 MCGS 组态软件上把资料下载到人机界面（HMI）时，只要单击"工具"菜单，选择"下载配置"命令，在"下载配置"对话框中单击"连机运行"按钮，再单击"工程下载"按钮即可进行下载，如图 13-3 所示。如果工程项目要在计算中模拟测试，则单击"模拟运行"按钮，然后单击"工程下载"按钮。

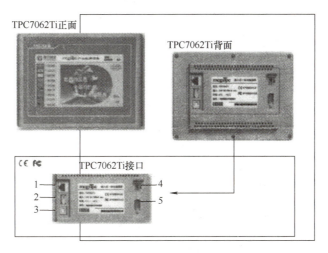

图 13-1　TPC7062Ti 的接口

1—以太网口　2—USB1 口　3—USB2 口　4—电源口　5—COM 口

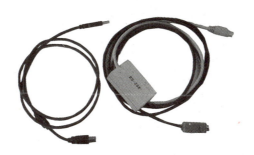

图 13-2　下载线和通信线

（五）TPC7062Ti 触摸屏与 FX 系列 PLC 的连接

触摸屏通过 COM 口直接与 PLC（FX3U）的编程口连接，所使用的通信线带有 RS232/RS422 转换器。

为了实现正常通信，除了正确进行硬件连接，还须对触摸屏通用串口父设备和三菱 FX 系列编程口进行设置，参数设置要与编程软件中的"PLC 参数"相对应。

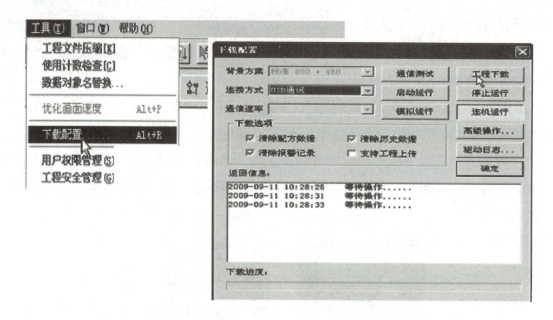

图 13-3　工程下载方法

（六）触摸屏设备组态

为了通过触摸屏设备操作机器或系统，必须给触摸屏设备组态用户界面，该过程称为组态阶段。系统组态就是通过 PLC 以"变量"方式进行操作单元与机械设备或过程之间的通信。变量值写入 PLC 上的存储区域（地址），由操作单元从该区域读取。

运行 MCGS 嵌入版组态环境软件，在出现的界面上单击"文件"菜单，选择"新建工程"命令，弹出图 13-4 所示界面。MCGS 嵌入版用"工作台"窗口来管理构成用户应用系统的五个部分，工作台上的五个标签（主控窗口、设备窗口、用户窗口、实时数据库和运行策略）对应于五个不同的窗口页面，每一个页面负责管理用户应用系统的一个部分，用鼠标单击不同的标签可切换至不同的窗口页面，对应用系统的相应部分进行组态操作。

1. 主控窗口

主控窗口确定了工业控制中工程作业的总体轮廓，以及运行流程、特性参数和起动特性等内容，是应用系统的主框架。

2. 设备窗口

设备窗口专门用来放置不同类型和功能的设备构件，实现对外部设备的操作和控制。设备窗口通过设备构件把外部设备的数据采集进来，送入实时数据库，或把实时数据库中的数据输出到外部设备。一个应用系统只有一个设备窗口，运行时，系统自动打开设备窗口，管理和调度所有设备构件正常工作，并在后台独立运行。注意，对用户来说，设备窗口在运行时是不可见的。

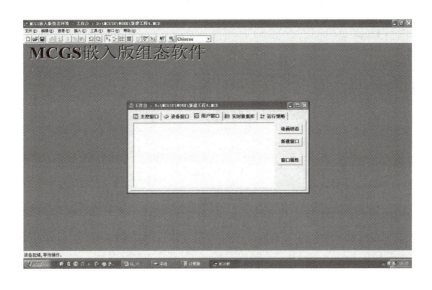

图 13-4 工作台

3. 用户窗口

用户窗口中可以放置三种不同类型的图形对象：图元、图符和动画构件。图元和图符为用户提供了一套完善的设计制作图形画面和定义动画的方法；动画构件对应于不同的动画功能，它们是从工程实践经验中总结出的常用动画显示与操作模块，用户可以直接使用。通过在用户窗口内放置不同的图形对象搭制多个用户窗口，用户可以构造各种复杂的图形界面，用不同的方式实现数据和流程的"可视化"。

4. 实时数据库

在 MCGS 嵌入版中，用数据对象来描述系统中的实时数据，用对象变量代替传统意义上的值变量，把数据库技术管理的所有数据对象的集合称为实时数据库。

实时数据库是 MCGS 嵌入版系统的核心，是应用系统的数据处理中心。系统各个部分均以实时数据库为公用区交换数据，实现各个部分协调动作。

5. 运行策略

对于复杂的工程，监控系统必须设计成多分支、多层循环嵌套式结构，按照预定的条件对系统的运行流程及设备的运行状态进行有针对性的选择和精确的控制。为此，MCGS 嵌入版引入运行策略的概念，用以解决上述问题。

所谓运行策略，是用户为实现对系统运行流程自由控制所组态生成的一系列功能块的总称。MCGS 嵌入版为用户提供了运行策略组态的专用窗口和工具箱。运行策略的建立使系统能够按照设定的顺序和条件操作实时数据库，控制用户窗口的打开、关闭以及设备构件的工作状态，从而实现对系统工作过程精确控制及有序调度管理的目的。

设备窗口通过设备构件驱动外部设备，将采集的数据送入实时数据库；由用户窗口组成的图形对象与实时数据库中的数据对象建立连接，以动画形式实现数据的可视化；运行策略通过策略构件对数据进行操作和处理。实时数据库数据流图如图 13-5 所示。

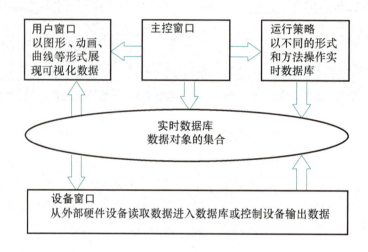

图 13-5   实时数据库数据流图

五、器材准备

本项目所需元器件见表 13-1。

表 13-1   元器件选用表

符号	名称	型号	规格	数量
PLC	可编程序控制器	FX3U–48MR		1
PC	计算机		Windows 10 操作系统	1
XT	端子排	TD–20/15	20 A、15 节	1
	触摸屏	TPC7062Ti		1
	通信线	RS232		1
	通信线	USB		1

（续）

符号	名称	型号	规格	数量
	电工工具	通用	包含万用表、螺钉旋具、剥线钳等	1
	电工实训台	通用		1

六、项目实施

实现人机界面组态的工作任务。自锁控制界面效果图如图 13-6 所示。

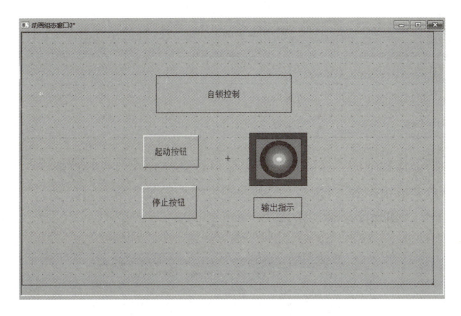

图 13-6　自锁控制界面

界面中包含的内容：状态指示（电动机运转）、按钮（起动按钮、停止按钮）、标签。

（一）组态画面中各元件对应的 PLC 地址

组态画面中各元件对应的 PLC 地址见表 13-2。

表 13-2　组态画面中各元件对应的 PLC 地址

元件类别	名称	输入地址	输出地址
状态指示	电动机运转		Y0000
按钮	起动按钮	M0001	M0001
	停止按钮	M0002	M0002

（二）人机界面的组态步骤和方法

1. 创建工程

运行 MCGS 嵌入版组态环境软件，单击"新建工程"工具按钮，在"新建工程设置"对话框中选择触摸屏型号，TPC 类型中如果找不到"TPC7062Ti"的话，则选择"TPC7062K"，工程名称为"自锁控制"。

2. 定义数据对象

根据表 13-2 定义数据对象，所有的数据对象在表 13-3 中列出。

表 13-3　数据对象表

数据名称	数据类型	注释
运行状态	开关型	状态指示灯
起动按钮	开关型	
停止按钮	开关型	

1）单击工作台中的"实时数据库"窗口标签，进入"实时数据库"窗口页。

2）单击"成组增加"按钮，弹出"成组增加数据对象"对话框，"对象类型"选择"开关"，"增加的个数"设置为"3"，如图 13-7 所示。

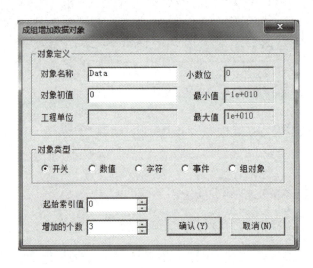

图 13-7　"成组增加数据对象"对话框

3）选中对象，单击"对象属性"按钮，或双击选中对象，则打开数据对象属性设置窗口。

4）将对象名称改为"起动按钮"，对象类型选择"开关"，单击"确认"按钮。

其他几个对象也是如此设置，设置完成的图片如图 13-8 所示。

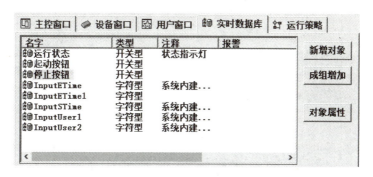

图 13-8　对象属性窗口

3. 设备连接

为了能够使触摸屏和 PLC 通信连接，须把定义好的数据对象和 PLC 内部变量进行连接，具体操作步骤如下：

1）在"设备窗口"中双击"设备窗口"图标。

2）单击工具条中的"工具箱"图标🔧，打开"设备工具箱"。

3）在可选列表中双击"通用串口父设备"，然后双击"三菱 _FX 系列编程口"，出现通用串口父设备—三菱 _FX 系列编程口，如图 13-9 所示。

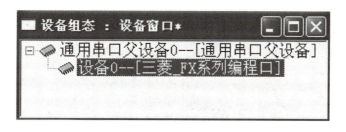

图 13-9　设备窗口

4）双击"通用串口父设备 0"进入"通用串口设备属性编辑"对话框，通用串口设置如图 13-10 所示。

5）双击"三菱 _FX 系列编程口"，进入设备编辑窗口，如图 13-11 所示。左边窗口下方" CPU 类型"选择"4-FX3UCPU"，右边窗口中"通道名称"默认为 X0000 ～ X0007，可以单击"删除全部通道"按钮删除。

图 13-10　通用串口设置

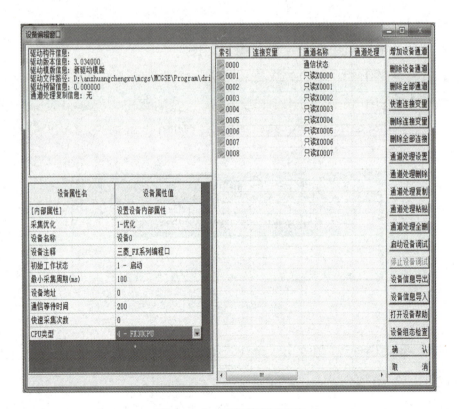

图 13-11　设备编辑窗口

6）变量的连接，这里以"运行状态"变量连接为例进行说明。

单击图 13-11 中"增加设备通道"按钮，出现图 13-12 所示对话框。参数设置如下：

① 通道类型：Y 输出寄存器。

② 数据类型：通道的第 00 位。

③ 通道地址：0。

④ 通道个数：1。

⑤ 读写方式：只读。

单击"确认"按钮，完成基本属性设置。

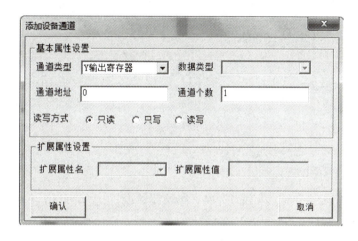

图 13-12　添加设备通道

双击"只读 Y0000"通道对应的连接变量，从"数据中心选择变量"对话框中键入"运行状态"。

用同样的方法增加其他通道的连接变量，完成后单击"确认"按钮。增加通道设置完成后如图 13-13 所示。

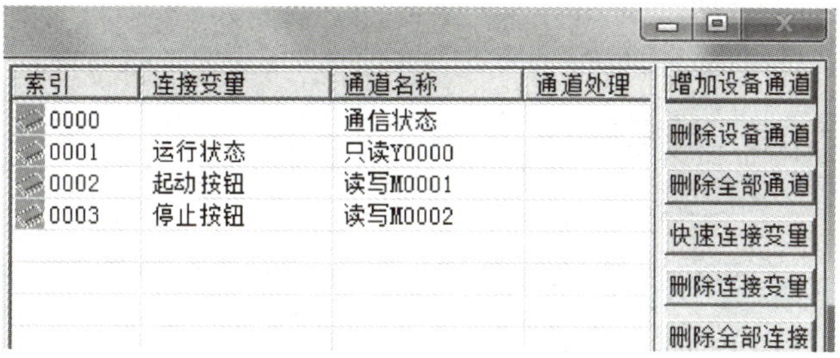

图 13-13　增加通道

4．画面和元件的制作

（1）新建画面以及属性设置　在"用户窗口"中单击"新建窗口"按钮，建立"窗口 0"。选中"窗口 0"，单击"窗口属性"按钮，进入用户窗口属性设置。

（2）制作状态指示灯　单击绘图工具箱中的插入元件按钮"⬛"，弹出对象元件管理对话框，选择指示灯 2，单击"确认"按钮。双击指示灯，弹出的对话框如图 13-14 所示。

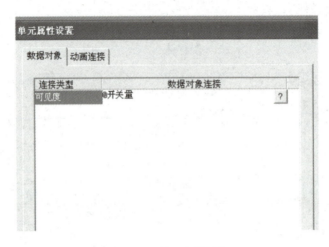

图 13-14　单元属性设置

数据对象中单击右侧的"？"按钮，从数据中心选择"运行状态"变量，单击"确认"按钮，指示灯制作完成。

（3）制作按钮　以起动按钮为例进行介绍，单击绘图工具箱中的按钮"⬛"，在窗口中拖出一个大小合适的矩形，双击该矩形，出现如图 13-15 所示对话框，可进行属性设置。

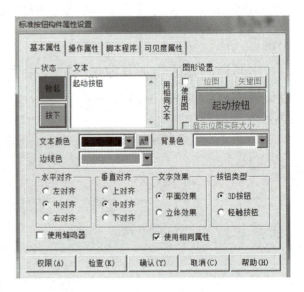

图 13-15　标准按钮构件属性设置

在图 13-15 所示的"基本属性"标签页中，无论是"抬起"还是"按下"状态，"文本"都设置为"起动按钮"；

在"操作属性"标签页中，"状态"为"抬起"时，数据对象操作清零，为"停止按钮"；"状态"为"按下"时，数据对象操作置 1，为"起动按钮"。

其他均保留默认值，最后单击"确认"按钮完成。

七、项目拓展

试着完成电动机正、反转控制的组态。

项目十四　PLC 与变频器和触摸屏的综合应用

一、项目引入

在工业现场中，各个机电部件间不是单独运行的，它们之间需要根据控制要求组合运行，本项目以项目十二和项目十三为基础，学习 PLC 与变频器和触摸屏的综合应用，通过 PLC 与变频器和触摸屏之间的通信实现对电动机的控制。

按下起动按钮（或触摸屏起动按钮），运料小车载运货物低速前进，相应的指示灯亮。碰到行程开关 SQ1 后卸掉货物，然后小车空载高速返回，相应的指示灯亮，到达起始位置碰到行程开关 SQ2 后停止，开始装载货物，装好货物后再次低速前进运料，如此循环往复。按下停止按钮（或触摸屏停止按钮），所有的动作均停止。低速行驶时，变频器频率为 20Hz，高速行驶时，变频器频率为 50Hz。运料小车往返示意图如图 14-1 所示。

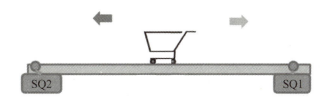

图 14-1　运料小车往返示意图

二、项目目标

1）掌握组态软件的使用。

2）掌握变频器的外部接线方法。

3）掌握 PLC 的编程方法。

4）理解 PLC 与变频器和触摸屏之间的通信。

三、项目分析

在这个项目中，通过按下实际按钮可以控制小车的运动，通过触摸屏也可以控制小车的运动。小车在运送货物时是低速运行，而空载返回时是高速运行。这里需要用 PLC 控制变频器来实现高、低速的运行。经过分析，采用触摸屏、PLC 与变频器共同完成本项目。

四、知识准备

MCGS 嵌入版组态软件具有强大的功能，并且操作简单，易学易用，普通工程人员经过短时间的培训就能迅速掌握。使用 MCGS 嵌入版组态软件能够避开复杂计算机软、硬件问题，将精力集中于解决工程问题本身，根据工程作业的需要和特点组态配置出高性能、高可靠性和专业化的工业控制监控系统。

大部分触摸屏不能直接与变频器通信，一般需要采用 PLC 与变频器通信读取变频器数据，然后触摸屏与 PLC 通信，完成控制变频器起动、停止以及监视变频器的运行频率、电流、电压等功能。当 PLC 和变频器连接通信时，由于二者涉及用弱电控制强电，应该注意连接时出现的干扰，避免由于干扰造成变频器的误动作及元器件损坏。

五、器材准备

本项目所需元器件见表 14-1。

表 14-1　元器件选用表

符号	名称	型号	规格	数量
PLC	可编程序控制器	FX3U–48MR		1
PC	计算机		Windows 10 操作系统	1
XT	端子排	TD–20/15	20A、15 节	1
	变频器	FR–E740	0.75kW、400V	1
	触摸屏	TPC7062Ti		1
	通信线	RS232		1
	通信线	USB		1
	电工工具	通用	包含万用表、螺钉旋具、剥线钳等	1
	电工实训台	通用		1

六、项目实施

根据分析对运料小车进行 PLC 程序的编写。

（一）确定 PLC 的 I/O 分配表

由项目分析可知，PLC 的 I/O 分配见表 14-2。

表 14-2 I/O 分配表

输入（I）		输出（O）	
设备	端口编号	设备	端口编号
起动按钮 SB1	X000	STF	Y000
行程开关 SQ1	X001	RL	Y001
行程开关 SQ2	X002	STR	Y002
停止按钮 SB2	X003	RH	Y003
过载保护 FR	X004		

（二）PLC 原理外部接线

运料小车往返 PLC 外部接线如图 14-2 所示。

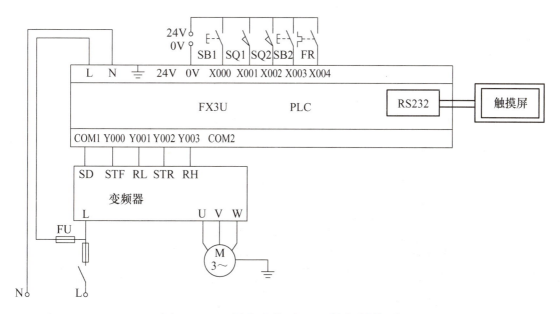

图 14-2 运料小车往返 PLC 外部接线图

（三）完成外部接线

参照图 14-2 所示运料小车往返 PLC 外部接线图，用导线将 PLC、变频器、相关元器件及触摸屏进行连接。

（四）程序编写

项目中有两个行程开关，在编写程序时一定要分清楚，参考程序如图 14-3 所示。

运料小车往返程序编写

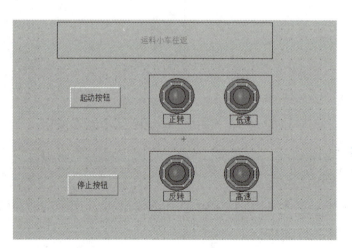

图 14-3　运料小车往返 PLC 程序

（五）触摸屏设置

1. 创建工程

运行 MCGS 嵌入版组态环境软件，单击"新建工程"工具按钮，弹出"新建工程设置"对话框，单击"确定"按钮。

2. 制作工程画面

具体操作步骤参考项目十三进行设置，最后生成的画面如图 14-4 所示。

运料小车往返的
组态制作

图 14-4　运料小车往返组态画面

3. 定义数据对象

根据项目要求定义数据对象，所有的数据对象的 I/O 分配见表 14-3。

表 14-3　数据对象的 I/O 分配表

输入（I）			输出（O）		
设备（开关）	端口编号	数据类型	设备（指示灯）	端口编号	数据类型
起动按钮	M0	开关型	STF	Y000	开关型
停止按钮	M3	开关型	RL	Y001	开关型
			STR	Y002	开关型
			RH	Y003	开关型

设置完成的对象属性如图 14-5 所示。具体操作步骤参考项目十三进行设置。

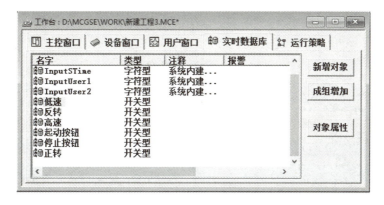

图 14-5　"对象属性"设置完成

4. 设备连接

连接变量并添加设备通道（具体操作步骤参考项目十三进行设置）如图 14-6 所示。

5. 设置按钮和指示灯

具体操作步骤参考项目十三进行设置。

6. 进入运行状态

单击图标 下载工程并进入运行状态。

（六）变频器参数设置

根据要求进行变频器参数的设置，见表 14-4。

图 14-6　添加通道进行变量连接

表 14-4　变频器参数设置

序号	参数代号	参数值	说明
1	Pr.4	50Hz	高速（RH）
2	Pr.6	20Hz	低速（RL）
3	Pr.79	2	电动机控制模式（外部操作模式）

（七）调试运行

调试运行应分部分调试。先调试计算机与 PLC 通信，检查 PLC 程序是否可以正常运行，然后调试 PLC 与变频器之间通信是否成功，最后调试触摸屏与 PLC 之间的通信连接。

先将电动机连线断开，空载试车。按下起动按钮（或触摸屏的起动按钮），运料小车满载低速前行；碰到行程开关 SQ1，运料小车停车卸货，卸货完成后运料小车空载高速返回；碰到行程开关 SQ2，运料小车装货，装货完成后运料小车载货低速前行。小车运行时，触摸屏上相应的指示灯亮。按下停止按钮（或触摸屏的停止按钮），所有动作停止。试验成功后，将电动机连线连好，带负载运行。

七、项目拓展

按下正转按钮 SB1（或按下触摸屏正转按钮），变频器以 50Hz 的频率驱动电动机正转，触摸屏上的正转指示灯亮。5s 后变频器以 40Hz 的频率驱动电动机运行，2s 后变频器以 30Hz 的频率驱动电动机运行。按下反转按钮 SB2（或按下触摸屏反转按钮），变频器以 55Hz 的频率驱动电动机反转，触摸屏的反转指示灯亮。5s 后变频器以 45Hz 的频率驱动电动机运行，2s 后变频器以 35Hz 的频率驱动电动机运行。按下停止按钮，电动机停转，这时触摸屏的停止指示灯亮。

项目十五 PLC 控制生产流水线产品的运输

PLC 广泛应用于自动化、交通、食品工业、制造业、建筑与环境、健康和医疗以及娱乐业等领域，因此，了解 PLC 的综合应用非常重要。

一、项目引入

某化工厂进行化学产品生产，如图 15-1 所示。

生产化学产品 1 的方式：将转换开关置于"化学产品 1"位置，按下起动按钮，液体 A 电磁阀 YV1 开启；当液体 A 到达液位 L3 时，电磁阀 YV1 关闭，同时液体 B 电磁阀 YV2 开启；当液体 B 到达液位 L2 时，电磁阀 YV2 关闭，同时液体 C 电磁阀 YV3 开启；当液体 C 到达液位 L1 时，电磁阀 YV3 关闭，加热器开始加热 5s 后，变频器以 20Hz 频率驱动搅拌机低速正转运行 6s；然后电磁阀 YV4 开启，混合液体输出。按下复位按钮，电磁阀 YV4 再开启 3s，以防没排空液体，然后关闭。

生产化学产品 2 的方式：将转换开关置于"化学产品 2"位置，按下起动按钮，液体 A 电磁阀 YV1 开启，同时液体 B 电磁阀 YV2 也开启；当液体 A、B 到达液位 L3 时，电磁阀 YV1、YV2 关闭，变频器以 35Hz 频率驱动搅拌机以中速正转运行，4s 后停止，液体 C 电磁阀 YV3 开启；当液体 C 到达液位 L2 时，电磁阀 YV3 关闭，变频器以 35Hz 频率驱动搅拌机以中速反转运行，3s 后停止，液体 A 电磁阀 YV1 开启；当液体 A 到达液位 L1 时，电磁阀 YV1 关闭，加热器开始加热；5s 后变频器以 20Hz 频率驱动搅拌机以低速反转运行；温度到达 T 后，电磁阀 YV4 开启，混合液体输出。按下复位按钮，电磁阀 YV4 再运行 3s，以防未排空液体，然后停止。

其中，在触摸屏中显示的有：电磁阀 YV1 ～ YV4 的指示灯，搅拌机的正、反转指示灯，搅拌机的速度指示灯，加热器指示灯，起动按钮、复位按钮，以及转换开关、温度传感器，如图 15-1 所示。

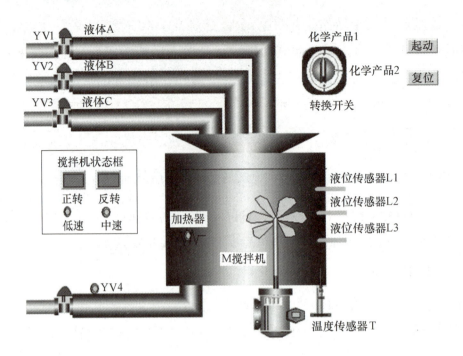

图 15-1 化学产品混合液体生产

二、项目目标

1）熟练使用步进指令。

2）了解化工生产过程的控制特点和用 PLC 控制的编程方法。

3）熟练使用 MCGS 软件及设置变频器参数。

4）掌握触摸屏、变频器及 PLC 的硬件连接。

5）学会 PLC 与变频器、触摸屏之间的综合调试。

6）安全规范操作，学会独立学习、合作学习。

三、项目分析

由图 15-1 可知，本装置为三种液体混合装置，L1、L2、L3 为液位，此处也用于表示液位传感器，液体 A、B、C 由电磁阀 YV1、YV2、YV3 控制流入储物罐，电磁阀 YV4 控制液体流出储物罐。M 为搅拌机，T 为温度传感器。

从项目引入中分析得出：有两种化学产品生产，生产不同化学产品时所选择的方式不同，根据这点可以选用步进指令中的选择性分支。项目中搅拌机旋转分低速、中速两种状况，可以通过设置变频器参数及与 PLC 的连接控制来实现。

从项目引入中可知，在这个项目中需要有变频器、触摸屏、PLC 三者的通信连接。

四、知识准备

三菱 PLC 的 SFC 编程法受到很多从事 PLC 编程的工程师欢迎，SFC 编程法相对于传统梯形图编程法有以下优点：

1）控制流程一清二楚，思路清晰。

2）SFC 编程法把程序分成多个程序页，有利于查找修改。

3）在不同时执行的步（S）里，可以写入相同的 Y 点输出指令或脉冲输出指令。

五、器材准备

本项目所需元器件见表 15-1。

表 15-1 元器件选用表

符号	名称	型号	规格	数量
PLC	可编程序控制器	FX3U–48MR		1
PC	计算机		Windows 10 操作系统	1
XT	端子排	JX2–1015	10 A、15 节	1
	变频器	FR–E740	0.75kW，400V	1
	触摸屏	TPC7062Ti		1
	通信线	RS232		1
	通信线	USB		1
	化学产品混合液体实训设备			1
	电工工具	通用	包含万用表、螺钉旋具、剥线钳等	1
	电工实训台	通用		1

六、项目实施

根据上述准备内容对化学产品混合液体生产进行 PLC 程序的编写。

（一）确定 I/O 分配表

本项目的 I/O 分配见表 15-2。

表 15-2 I/O 分配表

输入（I）		输出（O）	
设备	端口编号	设备	端口编号
起动按钮 SB1	X000	加热器	Y000

（续）

输入（I）		输出（O）	
设备	端口编号	设备	端口编号
复位按钮 SB2	X001	电磁阀 YV1	Y001
转换开关 SA	X002	电磁阀 YV2	Y002
液位传感器 L1	X003	电磁阀 YV3	Y003
液位传感器 L2	X004	电磁阀 YV4	Y004
液位传感器 L3	X005	RL	Y010
温度传感器 T	X006	RM	Y011
过载保护 FR	X007	STF	Y012
		STR	Y013

（二）PLC 的外部接线

化学产品混合液体生产 PLC 外部接线图如图 15-2 所示。

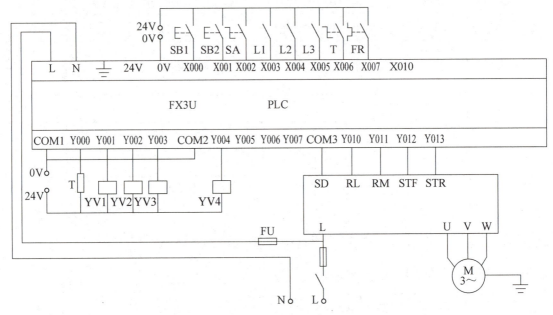

图 15-2　化学产品混合液体生产 PLC 外部接线图

连接 PLC 的输入、输出端元件，连接电动机主电路和地线，注意不能带电操作。实物接线如图 15-3 所示。

PLC 输出接口是成组的，每一组有一个 COM 口，只能使用同一种电压。

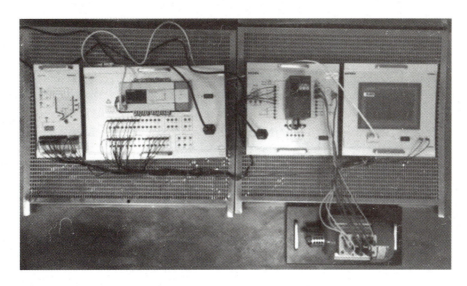

图 15-3 化学产品混合液体生产 PLC 及电动机实物接线图

（三）程序编写

在设计步进程序时，要先画出控制系统的状态转移图，如图 15-4 所示。然后根据状态转移图编写梯形图程序或指令表程序。

1）打开 MELSOFT GX Developer 软件，单击"工程"菜单，选择"创建新工程"命令，弹出"创建新工程"对话框如图 15-5 所示，"PLC 系列"选择"FXCPU"，"PLC 类型"选择"FX3U（C）"，"程序类型"选择"SFC"，单击"确定"按钮。

2）双击块 No.0 弹出"块信息设置"对话框，如图 15-6 所示。"块类型"选择"梯形图块"，单击"执行"按钮。

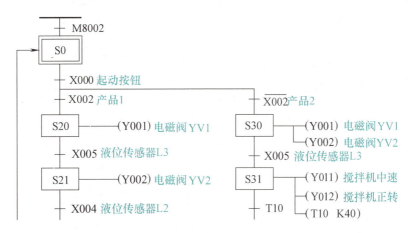

图 15-4 化学产品加工的 PLC 控制状态转移图

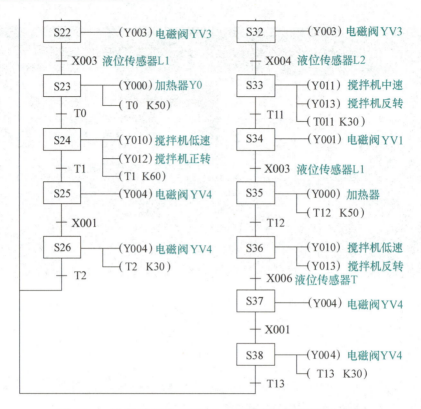

图 15-4　化学产品加工的 PLC 控制状态转移图（续）

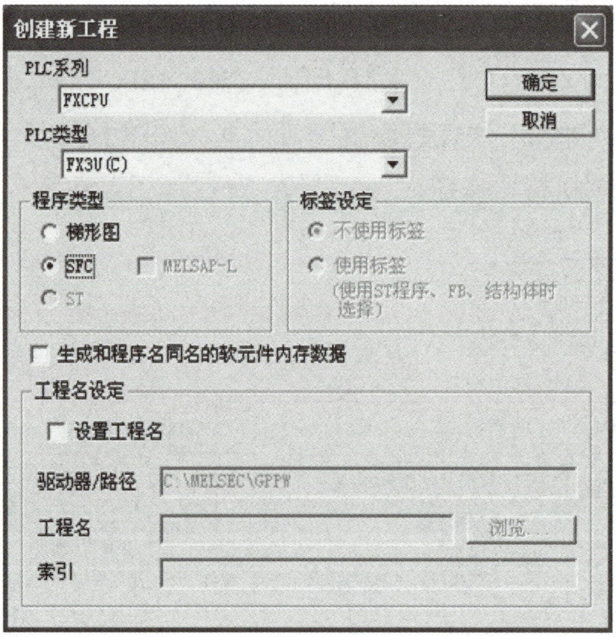

图 15-5　"创建新工程"对话框

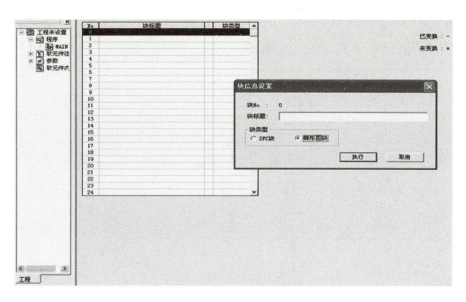

图 15-6 "块信息设置"对话框

3）在编辑区输入程序，如图 15-7 所示。然后按快捷键 <F4> 进行变换，编辑区灰色变为白色。

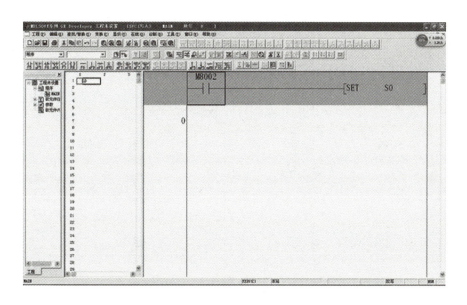

图 15-7 输入梯形图程序

4）在工程树列表中双击"程序"下方的"MAIN"图标，回到如图 15-6 所示画面，双击块 No.1，在弹出的"块信息设置"对话框中，"块类型"选择"SFC块"，单击"执行"按钮。

5）将如图 15-8 所示状态转移图键入编辑区。根据项目要求，该项目为选择性分支，所以在 S0 步下开始分支。编辑好的状态转移图如图 15-9 所示。

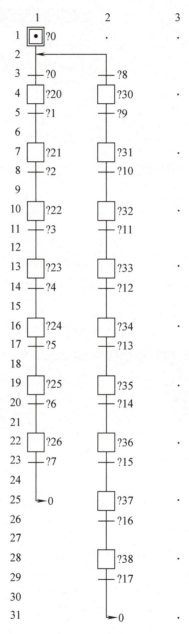

图 15-8　状态转移图

6）S0 步中因没有任何动作和要求，所以是空步。从条件 1 开始输入，将图 15-9 中右边一行程序输入编辑区，然后按 ＜F4＞ 键变换，这时旁边的问号会消失，切换到 S20 这一步进行编辑，如图 15-10 所示，输入右侧程序后，按

<F4> 键变换，这一步程序完成。可按上述步骤继续进行下一条件的编辑。每一个条件最后编辑的转折都要用"TRAN"。

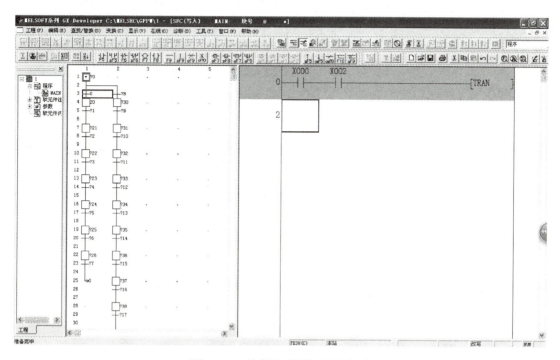

图 15-9 编辑好的状态转移图

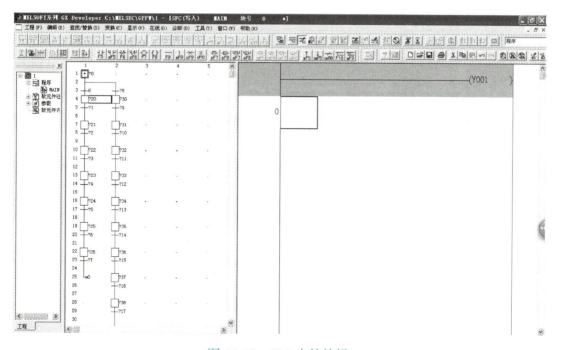

图 15-10 S20 步的编辑

7）编辑完成之后，梯形图和 SFC 块之间可以进行转换。在工程树列表中右击"MAIN"，再选择"改变程序类型"命令，会弹出"改变程序类型"对话框，如图 15-11 所示。可以通过该对话框进行梯形图与 SFC 的转换。

图 15-11　"改变程序类型"对话框

8）参考程序如图 15-12 所示。

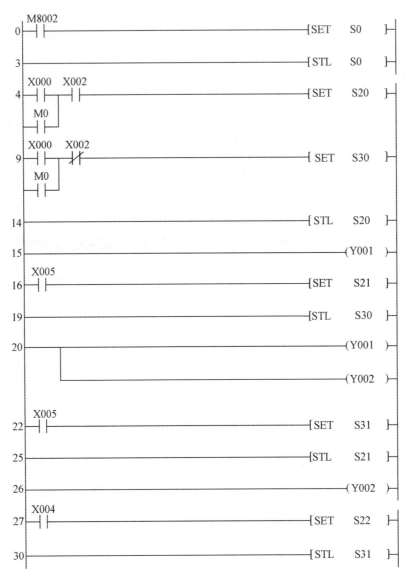

图 15-12　参考程序

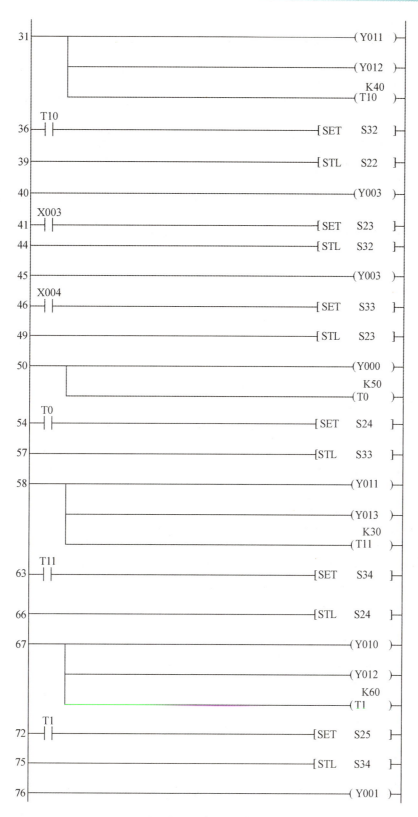

图 15-12　参考程序（续）

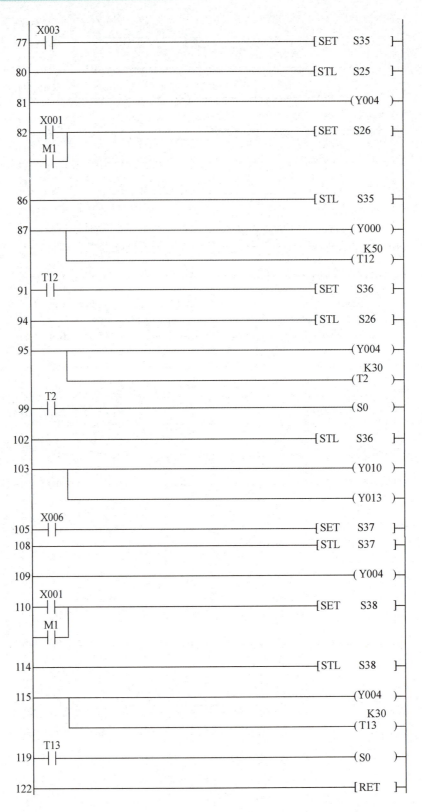

图 15-12　参考程序（续）

（四）变频器参数设置

根据项目要求可知，项目中的搅拌机有正转、反转、35Hz、20Hz 四种组合控制要求，因此可以确定变频器所需设置的参数，见表 15-3。

表 15-3　变频器参数设置

序号	参数代号	参数值	说明
1	Pr.5	35Hz	中速（RM）
2	Pr.6	20Hz	低速（RL）
3	Pr.79	2	电动机控制模式（外部操作模式）

（五）触摸屏设置

1. 创建工程

运行 MCGS 嵌入版组态环境软件，单击"新建工程"菜单创建新工程。

混合液体的组态制作

2. 定义数据对象

根据项目要求定义数据对象，所有的数据对象的 I/O 分配见表 15-4。

表 15-4　数据对象 I/O 分配表

输入（I）			输出（O）		
设备（开关）	端口编号	数据类型	设备（指示灯）	端口编号	数据类型
起动按钮 SB1	M0	开关型	加热器	Y000	开关型
复位按钮 SB2	M1	开关型	电磁阀 YV1	Y001	开关型
转换开关 SA	X002	开关型	电磁阀 YV2	Y002	开关型
液位传感器 L1	X003	开关型	电磁阀 YV3	Y003	开关型
液位传感器 L2	X004	开关型	电磁阀 YV4	Y004	开关型
液位传感器 L3	X005	开关型	RL	Y010	开关型
温度传感器 T	M6	开关型	RM	Y011	开关型
过载保护 FR	X7	开关型	STF	Y012	开关型
			STR	Y013	开关型

对象属性设置完成如图 15-13 所示。具体操作步骤参考项目十三进行设置。

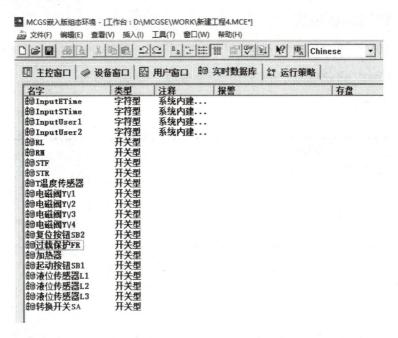

图 15-13　对象属性设置完成

3. 设备连接

为了使触摸屏和 PLC 能够通信，需要把定义好的数据对象和 PLC 内部变量进行连接。

完成设备连接并添加设备通道（具体操作步骤参考项目十三进行设置），如图 15-14 所示。

图 15-14　添加通道进行变量连接

4. 画面和元件的制作

在"用户窗口"标签页中单击"新建窗口"按钮，建立"窗口 0"。双击"窗口 0"，将图 15-1 所示画面在窗口 0 中画出来，设置按钮和指示灯（具体操作步骤参考项目十三）。

5. 进入运行状态

单击图标 下载工程并进入运行状态。

（六）程序调试

1）下载 PLC 程序，程序调试时先空载调试，调试成功后再带负载电动机调试。

首先，查看特殊继电器 M8002 一上电有没有置位 S0 步。

然后调试化学产品 1。先将转换开关置于"化学产品 1"位置，然后按下起动按钮 SB1，这时电磁阀 YV1 指示灯亮，开始输送液体；当到达液位 L3 时，电磁阀 YV1 指示灯灭，停止供应，电磁阀 YV2 指示灯亮，开始对储物罐供应液体；当到达液位 L2 时，电磁阀 YV2 指示灯灭，停止供应，电磁阀 YV3 指示灯亮，开始对储物罐供应液体；当到达液位 L1 时，电磁阀 YV3 指示灯灭，停止供应，加热器指示灯亮，开始对混合液体进行加热；加热 5s 后停止加热，同时变频器开始以 20Hz 的频率驱动搅拌机正转、低速搅拌，6s 后停止搅拌，电磁阀 YV4 开始向外输送混合液体；当按下复位按钮时，为了防止混合液体未排空，电磁阀 YV4 先工作 3s 后再停止。

最后调试化学产品 2。先将转换开关置于"化学产品 2"位置，然后按下起动按钮 SB1，这时电磁阀 YV1、YV2 指示灯亮，开始输送液体；当到达液位 L3 时，电磁阀 YV1、YV2 指示灯灭，停止供应，变频器开始以 35Hz 的频率驱动搅拌机正转、中速搅拌；4s 后停止搅拌，电磁阀 YV3 开始向储物罐运送液体；当到达液体 L2 时，变频器以 35Hz 的频率驱动搅拌机反转、中速搅拌；3s 后停止搅拌，电磁阀 YV1 指示灯亮，开始输送液体；当到达液体 L1 时，YV1 停止输送，加热器开始加热；加热 5s 后，停止加热，变频器以 20Hz 的频率驱动搅拌机反转、低速搅拌；当搅拌达到温度传感器 T 的设定温度时，混合液体电磁阀 YV4 开始向外输送液体。当按下复位按钮时，为了防止混合液体未排空，电磁阀 YV4 先工作 3s 后再停止。

2）检查 PLC 与触摸屏通信连接，操作触摸屏按钮，查看触摸屏中的按钮是否可以控制 PLC 动作。如果不能控制，查看触摸屏按钮参数数据连接是否正确。

如果正确，再查看触摸屏中各指示灯是否如任务中要求的规律动作，如果不是，查看触摸屏指示灯数据连接是否正确。

七、项目拓展

水塔水位自动控制系统如图 15-15 所示。当水池水位低于最低水位（用 S4 为 ON 表示）时，阀 Y 开户进水（Y 为 ON），定时器开始定时；4s 后，如果 S4 仍为 ON，那么阀 Y 指示灯闪烁，表示 Y 没有进水，出现故障；当 S3 为 ON 后，阀 Y 关闭（Y 为 OFF）。当 S4 为 OFF，且水塔水位低于水塔最低水位时，S2 为 ON，电动机 M 正转（20Hz 运行）抽水；当水塔水位高于水塔最高水位（S1 为 ON）时，电动机 M 停止，阀 Y 自动打开排水；当水位低于 S2 时，电动机 M 又开始正转（30Hz 运行）抽水。如此循环运行。其中，S1、S2、S3、S4 为触摸屏控制，M、Y 指示灯为触摸屏显示。

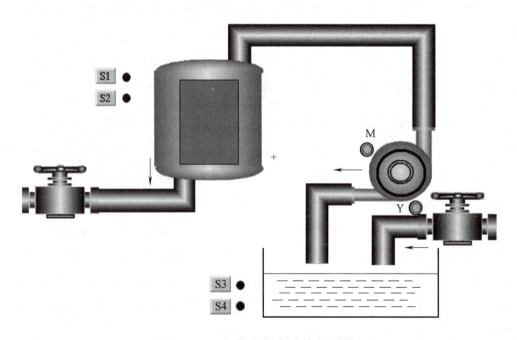

图 15-15　水塔水位自动控制系统

附录

FX 系列 PLC 应用指令表

类别	功能号	指令助记符	功能	类别	功能号	指令助记符	功能
程序流程	00	CJ	条件跳转	四则运算与逻辑运算	20	ADD	二进制加法
	01	CALL	调用子程序		21	SUB	二进制减法
	02	SRET	子程序返回		22	MUL	二进制乘法
	03	IRET	中断返回		23	DIV	二进制除法
	04	EI	开中断		24	INC	二进制加一
	05	DI	关中断		25	DEC	二进制减一
	06	FEND	主程序结束		26	WADN	逻辑字与
	07	WDT	监视定时器		27	WOR	逻辑字或
	08	FOR	循环区开始		28	WXOR	逻辑字与或
	09	NEXT	循环区结束		29	ENG	求补码
传送与比较	10	CMP	比较	循环与转移	30	ROR	循环右移
	11	ZCP	区间比较		31	ROL	循环左移
	12	MOV	传送		32	RCR	带进位右移
	13	SMOV	移位传送		33	RCL	带进位左移
	14	CML	取反		34	SFTR	位右移
	15	BMOV	块传送		35	SFTL	位左移
	16	FMOV	多点传送		36	WSFR	字右移
	17	XCH	数据交换		37	WSFL	字左移
	18	BCD	求 BCD 码		38	SFWR	FIFO 写
	19	BIN	求二进制码		39	SFRD	FIFO 读

（续）

类别	功能号	指令助记符	功能	类别	功能号	指令助记符	功能
数据处理	40	ZRST	区间复位	方便指令	64	TTMR	示教定时器
	41	DECO	解码		65	STMR	特殊定时器
	42	ENCO	编码		66	ALT	交替输出
	43	SUM	求置 ON 位的总和		67	RAMP	斜坡输出
	44	BON	ON 位判断		68	ROTC	旋转工作台控制
	45	MEAN	平均值		69	SORT	列表数据排序
	46	ANS	标志置位	外部设备 I / O	70	TKY	十键输入
	47	ANR	标志复位		71	HKY	十六键输入
	48	SOR	二进制平方根		72	DSW	数字开关输入
	49	FLT	二进制整数与浮点数转换		73	SEGD	七段译码
高速处理	50	REF	刷新		74	SEGL	带锁存七段码显示
	51	REFE	滤波调整		75	ARWS	方向开关
	52	MTR	矩阵输入		76	ASC	ASCII 码转换
	53	HSCS	比较置位（高速计数器）		77	PR	ASCII 码打印输出
	54	HSCR	比较复位（高速计数器）		78	FROM	读特殊功能模块
	55	HSZ	区间比较（高速计数器）		79	TO	写特殊功能模块
	56	SPD	脉冲密度	外部设备 SER	80	RS	串行通信指令
	57	PLSY	脉冲输出		81	PRUN	八进制位传送
	58	PWM	脉宽调制		82	ASCI	将十六进制数转换成 ASCII 码
	59	PLSR	带加速减速的脉冲输出		83	HEX	将 ASCII 码转换成十六进制数
方便指令	60	IST	状态初始化		84	CCD	校验码
	61	SER	查找数据		85	VRRD	模拟量读出
	62	ABSD	绝对值式凸轮控制		86	VRSC	模拟量区间
	63	INCD	增量式凸轮控制		87		
					88	PID	PID 运算
					89		

（续）

类别	功能号	指令助记符	功能	类别	功能号	指令助记符	功能
浮点	110	ECMP	二进制浮点数比较	时钟运算	166	TRD	时钟数据读出
	111	EZCP	二进制浮点数区间比较		167	TWR	时钟数据写入
	118	EBCD	二进制－十进制浮点数变换		169	HOUR	计时仪
	119	EBIN	十进制－二进制浮点数变换	格雷码	170	GRY	格雷码转换
	120	EAAD	二进制浮点数加法		171	GBIN	格雷码逆转换
	121	ESUB	二进制浮点数减法	触点比较	224	LD =	(S1) = (S2)
	122	EMUL	二进制浮点数乘法		225	LD >	(S1) > (S2)
	123	EDIV	二进制浮点数除法		226	LD <	(S1) < (S2)
	127	ESOR	二进制浮点数开方		228	LD < >	(S1) ≠ (S2)
	129	INT	二进制浮点－二进制整数转换		229	LD < =	(S1) ≤ (S2)
	130	SIN	浮点数 sin 演算		230	LD > =	(S1) ≥ (S2)
	131	COS	浮点数 cos 演算		232	AND =	(S1) = (S2)
	132	TAN	浮点数 tan 演算		233	AND >	(S1) > (S2)
	147	SWAP	高低字节交换		234	AND <	(S1) < (S2)
定位	155	ABS	当前值读取		236	AND < >	(S1) ≠ (S2)
	156	ZRN	原点回归		237	AND < =	(S1) ≤ (S2)
	157	PLSY	可变速的脉冲输出		238	AND > =	(S1) ≥ (S2)
	158	DRVI	相对位置控制		240	OR =	(S1) = (S2)
	159	DRVA	绝对位置控制		241	OR >	(S1) > (S2)
时钟运算	160	TCMP	时钟数据比较		242	OR <	(S1) < (S2)
	161	TZCP	时钟数据区间比较		244	OR < >	(S1) ≠ (S2)
	162	TADD	时钟数据加法		245	OR < =	(S1) ≤ (S2)
	163	TSUB	时钟数据减法		246	OR > =	(S1) ≥ (S2)

参考文献

[1]   刘克军 . PLC 技术项目实训及应用 [M]. 北京：高等教育出版社，2012.

[2]   谢孝良 . PLC 原理及应用 [M]. 北京：高等教育出版社，2012.

[3]   阮友德 . 电气控制与 PLC 实训教程 [M]. 北京：人民邮电出版社，2009.

[4]   苏家健，顾阳 . 可编程序控制器 [M]. 北京：电子工业出版社，2010.

[5]   施俊杰，陈曙 . 电力拖动与 PLC[M]. 北京：高等教育出版社，2014.

[6]   杨少光 . 机电一体化设备的组装与调试 [M]. 南宁：广西教育出版社，2009.

“十二五”职业教育国家规划教材 修订版

经全国职业教育教材审定委员会审定

PLC技术应用（三菱） 第2版

工作页

主　编　鹿学俊　张　莉

副主编　江彦娥　曲珊珊

参　编　董　亮　贺新新　赵　健

机械工业出版社

CHINA MACHINE PRESS

目　录

工作页一

PLC 控制电动机点动运行

姓名		班级	
组员		日期	

任务分析	
施工要求	1. 钻床摇臂能够上、下运行。 2. 按下按钮运行，松开按钮停止。
问题引领	问题 1：用 PLC 控制电力拖动电路有什么优势呢？ 问题 2：用 PLC 实现电动机点动运行，需要在继电器控制电路上做哪些改变？

任务准备	
知识积累	1.（ ）简称 PLC。 A. 顺序控制器 B. 微型计算机 C. 可编程序控制器 D. 数字运算器 2. PLC 的核心是（ ）。 A. 中央处理器 B. 存储器 C. 输入 / 输出接口 D. 电源 3. 下面可用于读 / 写操作的存储器是（ ）。 A. ROM B. PROM C. EPROM D. RAM 4. 输入继电器的编号按照（ ）进制排列，在梯形图中，输入继电器的常开、常闭触点的使用次数（ ），但是不能出现输入继电器的（ ）。 5. 在梯形图中，输出继电器的常开、常闭触点的使用次数不限，但是注意不能（ ）输出。 6. LD 指令，（ ）触点与母线相连。LDI 指令，（ ）触点与母线相连。

	根据电气控制安装流程，组内分工制订工作计划。

制订计划	序号	工作流程	操作要点	负责人
	1	识读继电器控制电气原理图	从主电路到控制电路	
	2	元器件检测	检测交流接触器、熔断器等	
	3	写出 I/O 分配表	合理分配 I/O 口	
	4	画出 PLC 外部接线	按功能画出 I/O 口接线	
	5	程序编写	按程序编写要求	

（续）

制订计划	序号	工作流程	操作要点	负责人
	6	按图进行实物接线	按电气原理图进行实物接线	
	7	通电前自检	按电气原理图逐一检查	
	8	通电试车	按 I/O 口观察 PLC 输入、输出	

任务实施

元器件检测

检测本任务所需元器件，记录在表中，若检测到不合格的元器件，请进行更换。

序号	元器件名称	检测位置	检测结果
1			
2			
3			
4			
5			
6			
7			

分配 I/O 端口

根据本任务要求分配 PLC 上的 I/O 端口，并填写在表中。

输入（I）		输出（O）	
端口编号	设备	端口编号	设备

（续）

外部接线	根据 I/O 分配将 PLC 控制电动机点动运行外部线路补充完整。
程序编写	编写梯形图程序。
通电试车	1. 通电前，请进行自检，填写检测记录表，自检不合格不得通电。 2. 经自检合格后，在教师监视下通电试车，并记录内容至表中。

根据 I/O 分配将 PLC 控制电动机点动运行外部线路补充完整。

编写梯形图程序。

1. 通电前，请进行自检，填写检测记录表，自检不合格不得通电。

序号	检测线名称	检测状态
主电路		
输入电路		
输出电路		

2. 经自检合格后，在教师监视下通电试车，并记录内容至表中。

序号	现象	改进
主电路		
输入电路		
输出电路		

（续）

任务评价

根据在本任务中的实际表现进行自评及小组评价。

项目内容	评估内容	评估标准	配分	学生自评	学生互评	教师评价
专业技能	知识掌握情况	理解电路控制要求及原理	10			
	元器件选择与检测	硬件元器件型号选择正确，用万用表检测质量合格	5			
	I/O 分配合理	列出 I/O 端口，画出 PLC 控制 I/O 端口接线图	10			
	接线及布线工艺	按照原理图正确、规范接线	10			
	梯形图设计	根据接线编写梯形图程序	10			
	程序检查与运行	对程序进行传送、运行和监控	25			
方法	自主学习能力	预习及做好上课准备	5			
	理解、总结能力	能正确理解任务，善于总结	5			
	创新能力	选用新方法、新工艺效果好	5			
素养	团队协作能力	积极参与、小组协作	5			
	语言表达能力	观点表达清楚，展示效果好	5			
	安全操作能力	遵守安全操作规程	5			
合计			100			

任务总结

根据自己在任务实施中的情况进行反思和总结。

_____

_____

_____

_____

_____

工作页二

PLC 控制电动机连续运行

姓名		班级	
组员		日期	

	任务分析		

施工要求	1. 传送带能够单向连续运行。 2. 按下起动按钮，传送带运行，对货物进行输送；按下停止按钮，传送带停止。
问题引领	问题 1：要实现电动机连续运行需要在电动机点动的基础上添加什么？ 问题 2：用 PLC 实现电动机连续运行，需要在继电器控制电路上做哪些改变？

	任务准备

知识积累	1. AND 指令用于（　　）。 A. 串联常开触点　　　B. 串联常闭触点　　　C. 并联常开触点　　　D. 并联常闭触点 2.（判断题）ANI 指令完成逻辑"与或"运算。（　　） 3. 在特殊辅助继电器中表示 100ms 时钟脉冲的是（　　）。 A. M8011　　　　　　B. M8012　　　　　　C. M8013　　　　　　D. M8014 4. FX3U 系列 PLC 中表示初始化脉冲的是（　　）。 A. M8000　　　　　　B. M8001　　　　　　C. M8002　　　　　　D. M8003 5. 下列软元件中，属于通用辅助继电器的元件是（　　）。 A. M499　　　　　　　B. M500　　　　　　　C. M8003　　　　　　D. M8033

根据电气控制安装流程，组内分工制订工作计划。

	序号	工作流程	操作要点	负责人
制订计划	1	识读继电器控制电气原理图	从主电路到控制电路	
	2	元器件检测	检测交流接触器、熔断器等	
	3	写出 I/O 分配表	合理分配 I/O 口	
	4	画出 PLC 外部接线	按功能画出 I/O 口接线	
	5	程序编写	按程序编写要求	
	6	按图进行实物接线	按电气原理图进行实物接线	

（续）

制订计划	序号	工作流程	操作要点	负责人
	7	通电前自检	按电气原理图逐一检查	
	8	通电试车	按 I/O 口观察 PLC 输入、输出	

任务实施

元器件检测	检测本任务所需元器件，记录在表中，若检测到不合格的元器件，请进行更换。

序号	元器件名称	检测位置	检测结果
1			
2			
3			
4			
5			
6			
7			
8			

分配 I/O 端口

根据本任务要求分配 PLC 上的 I/O 端口，并填写在表中。

输入（I）		输出（O）	
端口编号	设备	端口编号	设备

（续）

外部接线	根据 I/O 分配将 PLC 控制电动机连续运行外部线路补充完整。 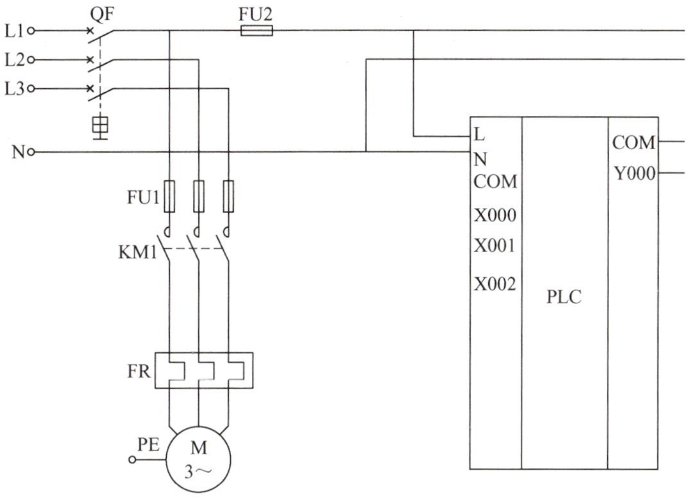
程序编写	编写梯形图程序。

通电试车

1.通电前，请进行自检，填写检测记录表，自检不合格不得通电。

序号	检测线名称	检测状态
主电路		
输入电路		
输出电路		

2.经自检合格后，在教师监视下通电试车，并记录内容至表中。

序号	现象	改进
主电路		
输入电路		
输出电路		

（续）

任务评价

根据在本任务中的实际表现进行自评及小组评价。

项目内容	评估内容	评估标准	配分	学生自评	学生互评	教师评价
专业技能	知识掌握情况	理解电路控制要求及原理	10			
	元器件选择与检测	硬件元器件型号选择正确，用万用表检测质量合格	5			
	I/O 分配合理	列出 I/O 端口，画出 PLC 控制 I/O 端口接线图	10			
	接线及布线工艺	按照原理图正确、规范接线	10			
	梯形图设计	根据接线编写梯形图程序	10			
	程序检查与运行	对程序进行传送、运行和监控	25			
方法	自主学习能力	预习及做好上课准备	5			
	理解、总结能力	能正确理解任务，善于总结	5			
	创新能力	选用新方法、新工艺效果好	5			
素养	团队协作能力	积极参与、小组协作	5			
	语言表达能力	观点表达清楚，展示效果好	5			
	安全操作能力	遵守安全操作规程	5			
合计			100			

任务总结

根据自己在任务实施中的情况进行反思和总结。

_____

_____

_____

_____

工作页三

PLC 控制电动机正、反转运行

姓名		班级	
组员		日期	

	任务分析		
施工要求	1. 自动卷帘门能够自动开启、关闭。 2. 当车接近卷帘门，按下卷帘门开启按钮，卷帘门上升；按下停止按钮，卷帘门停止动作。按下卷帘门关闭按钮，卷帘门下降；按下停止按钮，卷帘门停止动作。		
问题引领	问题1：为了防止控制电动机正、反转的两个接触器不同时通电，需要添加什么？ 问题2：用PLC实现电动机正、反转运行，需要在继电器控制电路上做哪些改变？		

	任务准备		
知识积累	1. 梯形图的逻辑执行顺序是（　　）。 A. 自上而下、自左而右　　　　　　　　B. 自下而上、自左而右 C. 自上而下、自右而左　　　　　　　　D. 随机执行 2. 在PLC梯形图中，（　　）。 A. 线圈可以与左母线直接相连　　　　　B. 线圈必须放在最右边 C. 统一编号的线圈可重复使用　　　　　D. 不同编号的线圈不能并联输出 3. 下列说法错误的是（　　）。 A. 触点可画在水平线上，也可画在垂直线上　　B. 线圈与右母线间不能有触点 C. 在一般逻辑控制程序中应避免使用双线圈　　D. 左母线与线圈间必须有触点 4. 在梯形图编程过程中，同一个触点可以使用（　　）。 A. 一次　　　　　B. 两次　　　　　C. 三次　　　　　D. 无限次 5. 在操作接触器、按钮双重联锁的正、反控制电路中，要使电动机从正转切换为反转，正确的操作方法是（　　）。 A. 直接按下反转起动按钮　　　　　　　B. 直接按下正转起动按钮 C. 必须先按下停止按钮，再按下反转起动按钮　　D. 都可以			

	根据电气控制安装流程，组内分工制订工作计划。		
制订计划	序号	工作流程	操作要点	负责人
	1	识读继电器控制电气原理图	从主电路到控制电路	

（续）

制订计划	序号	工作流程	操作要点	负责人
	2	元器件检测	检测交流接触器、熔断器等	
	3	写出 I/O 分配表	合理分配 I/O 口	
	4	画出 PLC 外部接线	按功能画出 I/O 口接线	
	5	程序编写	按程序编写要求	
	6	按图进行实物接线	按电气原理图进行实物接线	
	7	通电前自检	按电气原理图逐一检查	
	8	通电试车	按 I/O 口观察 PLC 输入、输出	

任务实施

检测本任务所需元器件，记录在表中，若检测到不合格的元器件，请进行更换。

元器件检测	序号	元器件名称	检测位置	检测结果
	1			
	2			
	3			
	4			
	5			
	6			
	7			
	8			

根据本任务要求分配 PLC 上的 I/O 端口，并填写在表中。

分配 I/O 端口	输入（I）		输出（O）	
	端口编号	设备	端口编号	设备

（续）

外部 接线	根据 I/O 分配将 PLC 控制电动机正、反转运行外部线路补充完整。 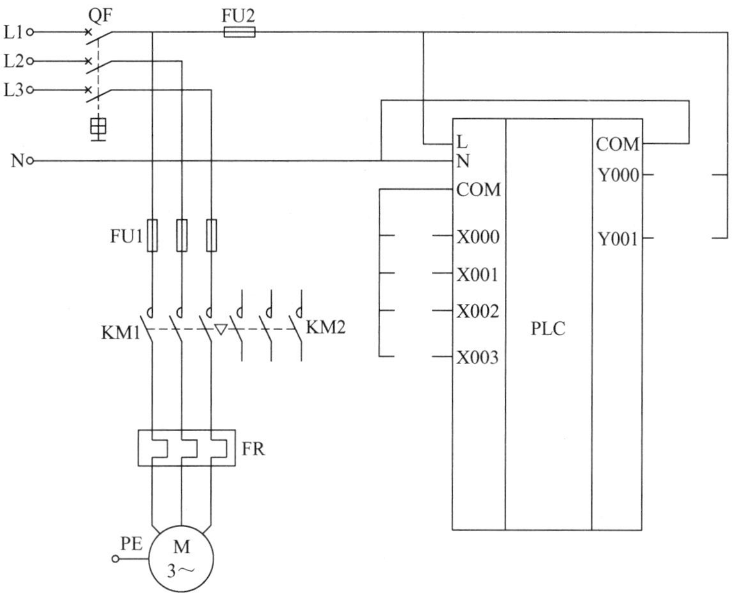
程序 编写	编写梯形图程序。

通电试车

1. 通电前，请进行自检，填写检测记录表，自检不合格不得通电。

序号	检测线名称	检测状态
主电路		
输入电路		
输出电路		

2. 经自检合格后，在教师监视下通电试车，并记录内容至表中。

序号	现象	改进
主电路		
输入电路		
输出电路		

（续）

任务评价							
根据在本任务中的实际表现进行自评及小组评价。							
项目内容	评估内容	评估标准	配分	学生自评	学生互评	教师评价	
专业技能	知识掌握情况	理解电路控制要求及原理	10				
	元器件选择与检测	硬件元器件型号选择正确，用万用表检测质量合格	5				
	I/O 分配合理	列出 I/O 端口，画出 PLC 控制 I/O 端口接线图	10				
	接线及布线工艺	按照原理图正确、规范接线	10				
	梯形图设计	根据接线编写梯形图程序	10				
	程序检查与运行	对程序进行传送、运行和监控	25				
方法	自主学习能力	预习及做好上课准备	5				
	理解、总结能力	能正确理解任务，善于总结	5				
	创新能力	选用新方法、新工艺效果好	5				
素养	团队协作能力	积极参与、小组协作	5				
	语言表达能力	观点表达清楚，展示效果好	5				
	安全操作能力	遵守安全操作规程	5				
合计			100				

任务总结
根据自己在任务实施中的情况进行反思和总结。

工作页四

PLC 控制电动机 丫 – △ 减压起动

姓名		班级	
组员		日期	

	任务分析		
施工要求	1. 按下起动按钮 SB1，碎石机减压起动（定子绕组丫联结），速度低。5s 后自动转换为全电压运行（定子绕组△联结），速度高。 2. 按下停止按钮 SB2 或过载时，电动机无论处于何种状态下都无条件停止运行。		
问题引领	问题 1：从星形减压起动 5s 后自动变为三角形运行，需要用到什么继电器？ 问题 2：用 PLC 实现电动机丫–△减压起动，需要在继电器控制电路上做哪些改变？		
	任务准备		
知识积累	1. 丫–△起动控制只适用于什么场合？ 2. SET、RST 分别是什么指令？作用分别是什么？ 3. 定时器 T 分为通用定时器和累积定时器，通用定时器与累积定时器有什么区别？		

（续）

<table>
<tr><td rowspan="9">制订
计划</td><td colspan="4">根据电气控制安装流程，组内分工制订工作计划。</td></tr>
<tr><td>序号</td><td>工作流程</td><td>操作要点</td><td>负责人</td></tr>
<tr><td>1</td><td>识读继电器控制电气原理图</td><td>从主电路到控制电路</td><td></td></tr>
<tr><td>2</td><td>元器件检测</td><td>检测交流接触器、熔断器等</td><td></td></tr>
<tr><td>3</td><td>写出 I/O 分配表</td><td>合理分配 I/O 口</td><td></td></tr>
<tr><td>4</td><td>画出 PLC 外部接线</td><td>按功能画出 I/O 口接线</td><td></td></tr>
<tr><td>5</td><td>程序编写</td><td>按程序编写要求</td><td></td></tr>
<tr><td>6</td><td>按图进行实物接线</td><td>按电气原理图进行实物接线</td><td></td></tr>
<tr><td>7</td><td>通电前自检</td><td>按电气原理图逐一检查</td><td></td></tr>
</table>

| 8 | 通电试车 | 按 I/O 口观察 PLC 输入、输出 | |

任务实施

<table>
<tr><td rowspan="7">元器件
检测</td><td colspan="4">检测本任务所需元器件，记录在表中，若检测到不合格的元器件，请进行更换。</td></tr>
<tr><td>序号</td><td>元器件名称</td><td>检测位置</td><td>检测结果</td></tr>
<tr><td>1</td><td></td><td></td><td></td></tr>
<tr><td>2</td><td></td><td></td><td></td></tr>
<tr><td>3</td><td></td><td></td><td></td></tr>
<tr><td>4</td><td></td><td></td><td></td></tr>
<tr><td>5</td><td></td><td></td><td></td></tr>
</table>

6

根据本任务要求分配 PLC 上的 I/O 端口，并填写在表中。

分配 I/O 端口

输入（I）		输出（O）	
端口编号	设备	端口编号	设备

（续）

外部 接线	根据 I/O 分配将 PLC 控制电动机 Y－△减压起动外部线路补充完整。 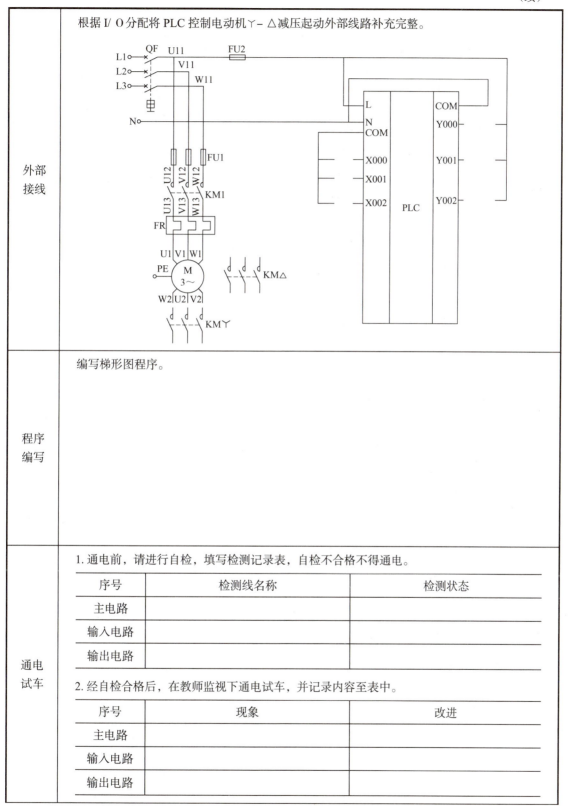
程序 编写	编写梯形图程序。
通电 试车	1. 通电前，请进行自检，填写检测记录表，自检不合格不得通电。 序号　　检测线名称　　检测状态 主电路 输入电路 输出电路 2. 经自检合格后，在教师监视下通电试车，并记录内容至表中。 序号　　现象　　改进 主电路 输入电路 输出电路

1. 通电前，请进行自检，填写检测记录表，自检不合格不得通电。

序号	检测线名称	检测状态
主电路		
输入电路		
输出电路		

2. 经自检合格后，在教师监视下通电试车，并记录内容至表中。

序号	现象	改进
主电路		
输入电路		
输出电路		

（续）

		任务评价				

根据在本任务中的实际表现进行自评及小组评价。

项目内容	评估内容	评估标准	配分	学生自评	学生互评	教师评价
专业技能	知识掌握情况	理解电路控制要求及原理	10			
	元器件选择与检测	硬件元器件型号选择正确，用万用表检测质量合格	5			
	I/O 分配合理	列出 I/O 端口，画出 PLC 控制 I/O 端口接线图	10			
	接线及布线工艺	按照原理图正确、规范接线	10			
	梯形图设计	根据接线编写梯形图程序	10			
	程序检查与运行	对程序进行传送、运行和监控	25			
方法	自主学习能力	预习及做好上课准备	5			
	理解、总结能力	能正确理解任务，善于总结	5			
	创新能力	选用新方法、新工艺效果好	5			
素养	团队协作能力	积极参与、小组协作	5			
	语言表达能力	观点表达清楚，展示效果好	5			
	安全操作能力	遵守安全操作规程	5			
合计			100			

	任务总结

根据自己在任务实施中的情况进行反思和总结。

_____

_____

_____

_____

_____

工作页五

PLC 控制电动机顺序起动

姓名		班级	
组员		日期	
任务分析			
施工要求	1.按下流水线起动按钮，上段传送带 A 运行 3s，将物品传送到中段传送带 B 上，然后中段传送带 B 运行 4s，物品被传送到下段传送带 C 上，最后物品由下段传动带 C 传送到储物箱中（一个物品的流水线传送过程结束）。传送结束后，工人会将储物箱中的物品搬运走。 2.按下流水线停止按钮，无论流水线处于何种状态，都将无条件停止当前工作。		
问题引领	问题 1：传送带 A、B、C 顺序起动，需要用到几个时间继电器？ 问题 2：用 PLC 实现电动机顺序起动，需要在继电器控制电路上做哪些改变？		
任务准备			
知识积累	1.脉冲式触点有几种？分别是什么？各有什么特点？ 2.INV 指令是什么指令？有什么特点？		

根据电气控制安装流程，组内分工制订工作计划。

	序号	工作流程	操作要点	负责人
制订计划	1	识读继电器控制电气原理图	从主电路到控制电路	
	2	元器件检测	检测交流接触器、熔断器等	
	3	写出 I/O 分配表	合理分配 I/O 口	
	4	画出 PLC 外部接线	按功能画出 I/O 口接线	

（续）

	序号	工作流程	操作要点	负责人
制订计划	5	程序编写	按程序编写要求	
	6	按图进行实物接线	按电气原理图进行实物接线	
	7	通电前自检	按电气原理图逐一检查	
	8	通电试车	按 I/O 口观察 PLC 输入、输出	

<table>
<tr><td colspan="4" align="center">任务实施</td></tr>
</table>

	检测本任务所需元器件，记录在表中，若检测到不合格的元器件，请进行更换。		
元器件检测	序号	元器件名称	检测位置	检测结果

序号	元器件名称	检测位置	检测结果
1			
2			
3			
4			
5			
6			

根据本任务要求分配 PLC 上的 I/O 端口，并填写在表中。

输入（I）		输出（O）	
端口编号	设备	端口编号	设备

分配 I/O 端口

（续）

外部 接线	根据 I/O 分配将 PLC 控制电动机顺序起动外部线路补充完整。 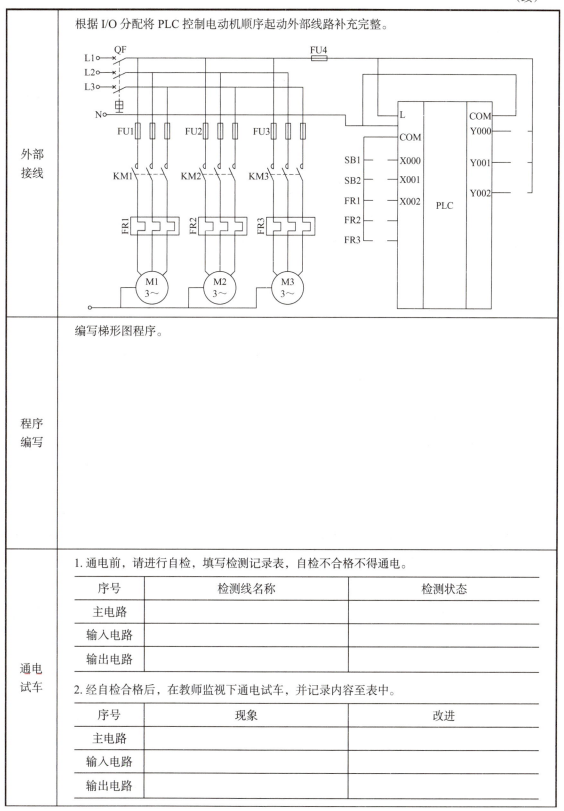
程序 编写	编写梯形图程序。
通电 试车	1. 通电前，请进行自检，填写检测记录表，自检不合格不得通电。

1. 通电前，请进行自检，填写检测记录表，自检不合格不得通电。

序号	检测线名称	检测状态
主电路		
输入电路		
输出电路		

2. 经自检合格后，在教师监视下通电试车，并记录内容至表中。

序号	现象	改进
主电路		
输入电路		
输出电路		

（续）

					任务评价			

根据在本任务中的实际表现进行自评及小组评价。

项目内容	评估内容	评估标准	配分	学生自评	学生互评	教师评价
专业技能	知识掌握情况	理解电路控制要求及原理	10			
	元器件选择与检测	硬件元器件型号选择正确，用万用表检测质量合格	5			
	I/O 分配合理	列出 I/O 端口，画出 PLC 控制 I/O 端口接线图	10			
	接线及布线工艺	按照原理图正确、规范接线	10			
	梯形图设计	根据接线编写梯形图程序	10			
	程序检查与运行	对程序进行传送、运行和监控	25			
方法	自主学习能力	预习及做好上课准备	5			
	理解、总结能力	能正确理解任务，善于总结	5			
	创新能力	选用新方法、新工艺效果好	5			
素养	团队协作能力	积极参与、小组协作	5			
	语言表达能力	观点表达清楚，展示效果好	5			
	安全操作能力	遵守安全操作规程	5			
合计			100			

任务总结

根据自己在任务实施中的情况进行反思和总结。

_____

_____

_____

_____

_____

工作页六

PLC 控制灯光闪烁

姓名		班级	
组员		日期	

	任务分析		

施工要求	一灯光系统有三组灯，起动后，A 组先闪烁（亮 0.5s，灭 0.5s），5s 后，A 组熄灭，B 组闪烁（亮 0.7s，灭 0.3s），5s 后，B 组熄灭，A、C 两组同时闪烁（亮 0.6s，灭 0.4s），5s 后，A 组闪烁（亮 0.5s，灭 0.5s）……如此循环。

问题引领	问题 1：如何用 PLC 控制灯光按要求点亮和熄灭？ 问题 2：如何用 PLC 控制灯光按要求循环闪烁？

	任务准备

知识积累	1.（　）是触点的串联指令。 A. AND　　　　　　　B. ANI　　　　　　　C. ANB　　　　　　　D. ORB 2.（　）是电路块的并联指令。 A. AND　　　　　　　B. ANI　　　　　　　C. ANB　　　　　　　D. ORB 3. 分析如何实现按下停止按钮后不立即停下，而是一个周期后停下。 4. 分析如何实现定时点亮和熄灭。 5. 分析如何实现状态的循环。

（续）

制订计划	根据电气控制安装流程，组内分工制订工作计划。				
	序号	工作流程	操作要点	负责人	
	1	小组讨论分析任务要求	明确任务要求并进行分工		
	2	写出 I/O 分配表	合理分配 I/O 口		
	3	画出 PLC 外部接线图	按功能画出 I/O 口接线		
	4	根据外部接线图进实际接线	接线时注意常开常闭触点		
	5	根据分配表和接线图编辑程序	按程序编写要求		
	6	模拟软件调试程序	严格按照接线图仿真模拟		
	7	通电前自检	认真检查万用表		
	8	实际操作进行调试	打开监控模式仔细检查		

任务实施

元器件检测	检测本任务所需元器件，记录在表中，若检测到不合格的元器件，请进行更换。			
	序号	元器件名称	检测位置	检测结果
	1			
	2			
	3			
	4			
	5			
	6			
	7			

分配 I/O 端口	根据本任务要求分配 PLC 上的 I/O 端口，填写在表中。			
	输入（I）		输出（O）	
	端口编号	设备	端口编号	设备

（续）

外部接线	根据 I/O 分配将 PLC 控制灯光闪烁外部线路补充完整。

```
  ┌─ COM      COM ─┐
  │                │
  ├─ X001     Y001 ─┤
  │                │
  ├─ X002     Y002 ─┤
  │                │
  │           Y003 ─┤
  │                │
  │      PLC       │
  │                │
  │     FX3U       │
  └────────────────┘
```

程序编写	编写梯形图程序。

通电试车

1. 通电前，请进行自检，填写检测记录表，自检不合格不得通电。

序号	检测线名称	检测状态
主电路		
输入电路		
输出电路		

2. 经自检合格后，在教师监视下通电试车，并记录内容至表中。

序号	现象	改进
主电路		
输入电路		
输出电路		

（续）

任务评价						
根据在本任务中的实际表现进行自评及小组评价。						
项目内容	评估内容	评估标准	配分	学生自评	学生互评	教师评价
专业技能	知识掌握情况	理解电路控制要求及原理	10			
	元器件选择与检测	硬件元器件型号选择正确，用万用表检测质量合格	5			
	I/O 分配合理	列出 I/O 端口，画出 PLC 控制 I/O 端口接线图	10			
	接线及布线工艺	按照原理图正确、规范接线	10			
	梯形图设计	根据接线编写梯形图程序	10			
	程序检查与运行	对程序进行传送、运行和监控	25			
方法	自主学习能力	预习及做好上课准备	5			
	理解、总结能力	能正确理解任务，善于总结	5			
	创新能力	选用新方法、新工艺效果好	5			
素养	团队协作能力	积极参与、小组协作	5			
	语言表达能力	观点表达清楚，展示效果好	5			
	安全操作能力	遵守安全操作规程	5			
合计			100			
任务总结						
根据自己在任务实施中的情况进行反思和总结。						

工作页七

PLC 控制报警

姓名		班级	
组员		日期	
任务分析			
施工要求	设计一个报警器，要求当条件满足时，蜂鸣器发出警告声响1s，停0.5s；同时，报警灯连续闪烁6次，每次点亮3s，熄灭2s。此后，停止声光报警。		
问题引领	问题1：PLC的双控制输出应注意什么事项？ 问题2：计数器的使用方法是什么？		
任务准备			
知识积累	1.（　　）是计数器的字母。 A. M　　　　　　B. C　　　　　　C. T　　　　　　D. Y 2.（　　）是时间继电器的字母。 A. M　　　　　　B. C　　　　　　C. T　　　　　　D. Y 3.（　　）是中间继电器。 A. M　　　　　　B. C　　　　　　C. T　　　　　　D. Y 4. 根据下图绘制 Y000 的时序图。 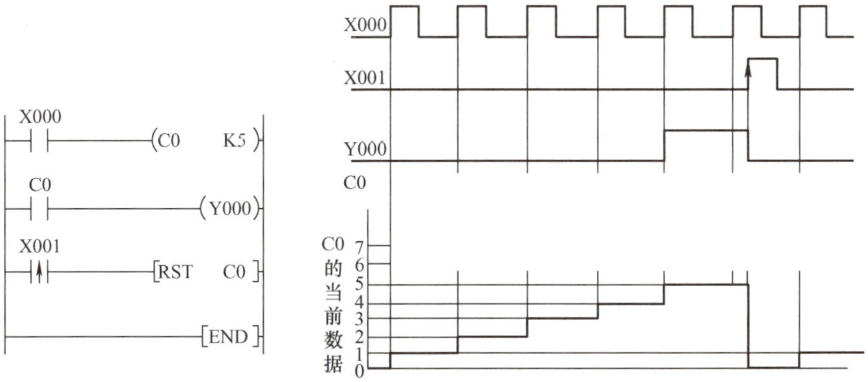 		

（续）

	根据电气控制安装流程，组内分工制订工作计划。			
制订计划	序号	工作流程	操作要点	负责人
	1	小组讨论分析任务要求	明确任务要求并进行分工	
	2	写出 I/O 分配表	合理分配 I/O 口	
	3	画出 PLC 外部接线图	按功能画出 I/O 口接线	
	4	根据外部接线图进实际接线	接线时注意常开、常闭触点	
	5	根据分配表和接线图编辑程序	按程序编写要求	
	6	模拟软件调试程序	严格按照接线图仿真模拟	
	7	通电前自检	认真检查万用表	
	8	实际操作进行调试	打开监控模式仔细检查	

任务实施

	检测本任务所需元器件，记录在表中，若检测到不合格的元器件，请进行更换。			
元器件检测	序号	元器件名称	检测位置	检测结果
	1			
	2			
	3			
	4			
	5			
	6			
	7			

	根据本任务要求分配 PLC 上的 I/O 端口，并填写在表中。			
分配 I/O 端口	输入（I）		输出（O）	
	端口编号	设备	端口编号	设备

（续）

外部接线	根据 I/O 分配将 PLC 控制报警运行外部线路补充完整。 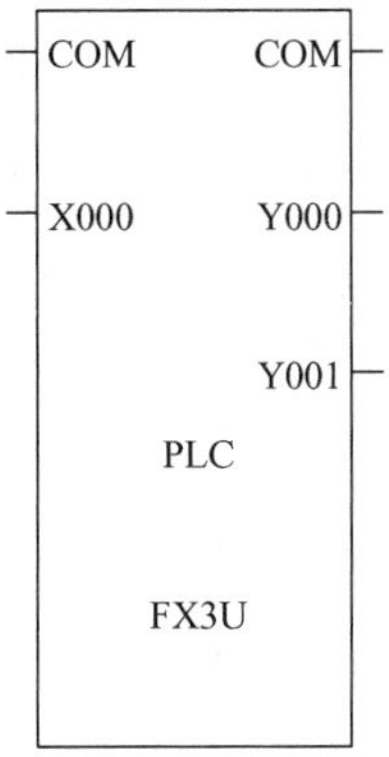

<table>
<tr><td></td><td>COM</td><td>COM</td></tr>
<tr><td></td><td>X000</td><td>Y000</td></tr>
<tr><td></td><td></td><td>Y001</td></tr>
<tr><td></td><td>PLC</td><td></td></tr>
<tr><td></td><td>FX3U</td><td></td></tr>
</table>

程序编写	编写梯形图程序。

通电试车

1. 通电前，请进行自检，填写检测记录表，自检不合格不得通电。

序号	检测线名称	检测状态
主电路		
输入电路		
输出电路		

2. 经自检合格后，在教师监视下通电试车，并记录内容至表中。

序号	现象	改进
主电路		
输入电路		
输出电路		

（续）

	任务评价					
根据在本任务中的实际表现进行自评及小组评价。						
项目内容	评估内容	评估标准	配分	学生自评	学生互评	教师评价
专业技能	知识掌握情况	理解电路控制要求及原理	10			
	元器件选择与检测	硬件元器件型号选择正确，用万用表检测质量合格	5			
	I/O 分配合理	列出 I/O 端口，画出 PLC 控制 I/O 端口接线图	10			
	接线及布线工艺	按照原理图正确、规范接线	10			
	梯形图设计	根据接线编写梯形图程序	10			
	程序检查与运行	对程序进行传送、运行和监控	25			
方法	自主学习能力	预习及做好上课准备	5			
	理解、总结能力	能正确理解任务，善于总结	5			
	创新能力	选用新方法、新工艺效果好	5			
素养	团队协作能力	积极参与、小组协作	5			
	语言表达能力	观点表达清楚，展示效果好	5			
	安全操作能力	遵守安全操作规程	5			
合计			100			

任务总结
根据自己在任务实施中的情况进行反思和总结。

工作页八

PLC 控制机械手分拣

姓名		班级	
组员		日期	

	任务分析		

施工要求	当工件投放点的传感器检测到包裹时，机械手抓取包裹，手臂上升缩回；旋转到传送带上方时，机械手手臂伸出落下，松开包裹，之后机械手复位再次抓取包裹。包裹经传送带上的传感器识别后，分类投放进对应的货物柜。
问题引领	问题 1：整个操作流程中，机械手的动作顺序是怎样的？ 问题 2：选择性分支程序和单流程程序的异同点有哪些？

	任务准备
知识积累	1. PLC 的编程元件 S 是指（　　　）。 A. 辅助继电器　　　　B. 计数器　　　　C. 定时器　　　　D. 状态继电器 2. RET 指令是指（　　　）。 A. 步进开始　　　　B. 步进触发　　　　C. 步进返回　　　　D. 结束 3. 状态继电器的常开触点与常闭触点在 PLC 编程中可以无穷次使用。（　　　） A. 对　　　　　　　B. 错 4. 在每条步进指令后都要加 RET 指令。RET 指令作为返回结束，必须要有。（　　　） A. 对　　　　　　　B. 错 5. 状态转移图用梯形图如何表示？

（续）

制订计划	根据 PLC 实操项目流程，组内分工制订工作计划。			
	序号	工作流程	操作要点	负责人
	1	分析项目要求	明确项目要求，绘制状态流程图	
	2	确定 I/O 分配表	合理分配 I/O 口	
	3	画出 PLC 外部接线图	按照 I/O 分配表配置 PLC 输入、输出端口，元器件按照国标符号绘制	
	4	按照外部接线图完成 PLC 接线	不能带电进行接线操作	
	5	程序编写	按照机械手和传送带两部分来编写	
	6	调试运行	PLC 软件监视测试，PLC 设备输入、输出指示灯正确指示	

任务实施

元器件检测	检测本任务所需元器件，记录在表中，若检测到不合格的元器件，请进行更换。		
	序号	元器件名称	检测位置	检测结果
	1			
	2			
	3			
	4			
	5			
	6			
	7			

分配 I/O 端口	根据本任务要求分配 PLC 上的 I/O 端口，并填写在表中。			
	输入（I）		输出（O）	
	端口编号	设备	端口编号	设备

（续）

外部接线	根据 I/O 分配将 PLC 控制机械手分拣外部线路绘制完整。

<table>
<tr><th>L</th><th rowspan="22">FX3U</th><th>COM1</th></tr>
<tr><td>N</td><td>Y001</td></tr>
<tr><td>⏚</td><td>Y002</td></tr>
<tr><td>COM</td><td>Y003</td></tr>
<tr><td>X001</td><td>COM2</td></tr>
<tr><td>X002</td><td>Y004</td></tr>
<tr><td>X003</td><td>Y005</td></tr>
<tr><td>X004</td><td>Y006</td></tr>
<tr><td>X005</td><td>Y007</td></tr>
<tr><td>X006</td><td>COM3</td></tr>
<tr><td>X007</td><td>Y010</td></tr>
<tr><td>X010</td><td>Y011</td></tr>
<tr><td>X011</td><td>Y012</td></tr>
<tr><td>X012</td><td>Y013</td></tr>
<tr><td>X013</td><td>COM4</td></tr>
<tr><td>X014</td><td>Y021</td></tr>
<tr><td>X015</td><td>Y023</td></tr>
<tr><td>X016</td><td>COM5</td></tr>
</table>

程序编写	编写梯形图程序。

通电试车	1.通电前，请进行自检，填写检测记录表，自检不合格不得通电。

序号	检测线名称	检测状态
实操装置		
PLC 输入电路		
PLC 输出电路		

（续）

通电试车	2.经自检合格后，在教师监视下通电试车，并记录内容至表中。		
	序号	现象	改进
	实操装置		
	PLC 输入电路		
	PLC 输出电路		

任务评价

根据在本任务中的实际表现进行自评及小组评价。

项目内容	评估内容	评估标准	配分	学生自评	学生互评	教师评价
专业技能	知识掌握情况	知识掌握效果好	10			
	合理选择元器件	合理选择元器件	5			
	I/O 分配合理	合理分配 I/O 端口	10			
	外部接线及布线工艺	按照原理图正确、规范接线	10			
	梯形图设计	编辑梯形图程序	15			
	程序检查与运行	正确地进行程序传送、运行和监控	20			
方法	自主学习能力	预习效果好	5			
	理解、总结能力	能正确理解任务，善于总结	5			
	创新能力	选用新方法、新工艺效果好	5			
素养	团队协作能力	积极参与、团结协作	5			
	语言表达能力	观点表达清楚，展示效果好	5			
	安全操作能力	遵守安全操作规程	5			
合计			100			

任务总结

根据自己在任务实施中的情况进行反思和总结。

工作页九

PLC 控制十字路口交通信号灯

姓名		班级	
组员		日期	

	任务分析		
施工要求	现对十字路口的交通信号灯进行改造，增加南北方向的通行时长，时间设置为35s，减少东西方向通行时长，时间设定为20s。		
问题引领	问题1：南北、东西方向红绿灯的闪烁过程是怎样的？ 问题2：并行分支流程的特点是什么？		

<table>
<tr><td colspan="2" align="center">任务准备</td></tr>
<tr>
<td rowspan="2">知识积累</td>
<td>
1. 当满足某个条件后使多个分支流程同时执行的多分支流程，称为（　　　）。
A. 选择分支　　　　　　B. 并行分支　　　　　　C. 判断分支　　　　　　D. 汇总分支
2. 在十字路口交通信号灯流程中，东西、南北方向的红绿灯闪烁属于（　　　）。
A. 单分支　　　　　　　B. 多分支　　　　　　　C. 交叉分支　　　　　　D. 不确定
3. 写出下面状态转移图对应的梯形图。
</td>
</tr>
<tr><td>

</td></tr>
</table>

（续）

根据 PLC 实操项目流程，组内分工制订工作计划。

序号	工作流程	操作要点	负责人
1	分析项目要求	明确项目要求，绘制状态流程图	
2	确定 I/O 分配表	合理分配 I/O 口	
3	画出 PLC 外部接线图	按照 I/O 分配表配置 PLC 输入、输出端口，元器件按照国标符号绘制	
4	按照外部接线图完成 PLC 接线	不能带电进行接线操作	
5	程序编写	定时器时间设定要符合要求，汇合条件要选择正确	
6	调试运行	PLC 软件监视测试，PLC 设备输入、输出指示灯正确指示	

制订计划

任务实施

元器件检测

检测本任务所需元器件，记录在表中，若检测到不合格的元器件，请进行更换。

序号	元器件名称	检测位置	检测结果
1			
2			
3			
4			
5			
6			
7			

分配 I/O 端口

根据本任务要求分配 PLC 上的 I/O 端口，并填写在表中。

输入（I）		输出（O）	
端口编号	设备	端口编号	设备

（续）

外部接线	根据 I/O 分配将 PLC 控制十字路口交通信号灯运行外部线路绘制完整。 AC 220V — FU1 — L / N / ⊥ / COM / X000 SB1 / X001 SB2 FX3U–48MR COM3 / Y010 / Y011 / Y012 / Y013 / COM4 / Y014 / Y015
程序编写	编写梯形图程序。
通电试车	1.通电前，请进行自检，填写检测记录表，自检不合格不得通电。 2.经自检合格后，在教师监视下通电试车，并记录内容至表中。

通电试车表1：

序号	检测线名称	检测状态
实操装置		
PLC 输入电路		
PLC 输出电路		

通电试车表2：

序号	现象	改进
实操装置		
PLC 输入电路		
PLC 输出电路		

（续）

任务评价							
根据在本任务中的实际表现进行自评及小组评价。							
项目内容	评估内容	评估标准	配分	学生自评	学生互评	教师评价	
专业技能	知识掌握情况	知识掌握效果好	10				
	合理选择元器件	合理选择元器件	5				
	I/O 分配合理	合理分配 I/O 端口	10				
	外部接线及布线工艺	按照原理图正确、规范接线	10				
	梯形图设计	编辑梯形图程序	15				
	程序检查与运行	正确地进行程序传送、运行和监控	20				
方法	自主学习能力	预习效果好	5				
	理解、总结能力	能正确理解任务，善于总结	5				
	创新能力	选用新方法、新工艺效果好	5				
素养	团队协作能力	积极参与、团结协作	5				
	语言表达能力	观点表达清楚，展示效果好	5				
	安全操作能力	遵守安全操作规程	5				
合计			100				

任务总结
根据自己在任务实施中的情况进行反思和总结。
_____

工作页十

PLC 控制循环彩灯

姓名		班级	
组员		日期	

	任务分析		
施工要求	广告灯 "某某五星级大酒店" 8 个字,每个字的背后对应 1 盏灯,每隔 0.2s,灯依次向右点亮一盏,直至 8 盏灯全部点亮,5s 后,灯开始每隔 0.2s 依次向左熄灭。然后每隔 0.2s,灯又依次向右点亮一盏,直至 8 盏灯全部点亮,5s 后,灯开始每隔 0.2s 依次向左熄灭,依此往复循环。直至按下停止按钮,所有灯熄灭。		

问题引领	问题 1:移位指令有哪些?各有什么功能? 问题 2:具有断电保持功能的数据寄存器有哪些?

	任务准备
知识积累	1. SFTR 指令是指(　　　　)。 A. 转移指令　　　　　B. 置位指令　　　　　C. 位右移指令　　　　D. 位左移指令 2. 数据寄存器的标识字母是(　　　　)。 A. X　　　　　　　　B. D　　　　　　　　C. S　　　　　　　　D. T 3. 区间复位指令是(　　　　)。 A. ZRST　　　　　　B. RET　　　　　　　C. RST　　　　　　　D. SET 4. 下列数据寄存器,可用作断电保持的是(　　　　)。 A. D10　　　　　　　B. D100　　　　　　　C. D500　　　　　　　D. D8000

	根据 PLC 实操项目流程,组内分工制订工作计划。		
	序号	工作流程	操作要点	负责人
制订计划	1	分析项目要求	明确项目要求,绘制状态流程图	
	2	确定 I/O 分配表	合理分配 I/O 口	
	3	画出 PLC 外部接线图	按照 I/O 分配表配置 PLC 输入、输出端口,元器件按照国标符号绘制	
	4	按照外部接线图完成 PLC 接线	不能带电进行接线操作	

（续）

	序号	工作流程	操作要点	负责人
制订计划	5	程序编写	按照编写步骤依次进行	
	6	调试运行	PLC 软件监视测试，PLC 设备输入、输出指示灯正确指示	

任务实施

元器件检测	检测本任务所需元器件，记录在表中，若检测到不合格的元器件，请进行更换。				
	序号	元器件名称	检测位置	检测结果
	1			
	2			
	3			
	4			
	5			
	6			
	7			

分配 I/O 端口	根据本任务要求分配 PLC 上的 I/O 端口，并填写在表中。				
	输入（I）		输出（O）	
	端口编号	设备	端口编号	设备

（续）

外部接线	根据 I/O 分配将 PLC 控制循环彩灯运行外部线路绘制完整。

L	COM3
N	Y010
⊥	Y011
COM	Y012
X001	Y013
X002	COM4
	Y014
	Y015
	Y016
24V	Y017

FX3U-PLC

程序编写	编写梯形图程序。

通电试车	1.通电前，请进行自检，填写检测记录表，自检不合格不得通电。

序号	检测线名称	检测状态
实操装置		
PLC 输入电路		
PLC 输出电路		

2.经自检合格后，在教师监视下通电试车，并记录内容至表中。

序号	现象	改进
实操装置		
PLC 输入电路		
PLC 输出电路		

（续）

		任务评价				
根据在本任务中的实际表现进行自评及小组评价。						
项目 内容	评估内容	评估标准	配分	学生 自评	学生 互评	教师 评价
专业 技能	知识掌握情况	知识掌握效果好	10			
	合理选择元器件	合理选择元器件	5			
	I/O 分配合理	合理分配 I/O 端口	10			
	外部接线及布线工艺	按照原理图正确、规范接线	10			
	梯形图设计	编辑梯形图程序	15			
	程序检查与运行	正确地进行程序传送、运行和监控	20			
方法	自主学习能力	预习效果好	5			
	理解、总结能力	能正确理解任务，善于总结	5			
	创新能力	选用新方法、新工艺效果好	5			
素养	团队协作能力	积极参与、团结协作	5			
	语言表达能力	观点表达清楚，展示效果好	5			
	安全操作能力	遵守安全操作规程	5			
合计			100			

任务总结
根据自己在任务实施中的情况进行反思和总结。

工作页十一

PLC 控制水塔水位

姓名		班级	
组员		日期	

	任务分析		
施工要求	某单位现需要给职工宿舍楼安装供水装置，采用水泵从蓄水池抽水向水塔供水，再分流至户内的方案。供水采用手动和自动两种控制方式。水塔和蓄水池内都设有高低水位开关，当水塔达到高水位时，水泵停止向水塔供水；当蓄水池达到高水位时，将停止向蓄水池注水。水塔满水或蓄水池内缺水时，水泵禁止工作。		
问题引领	问题1：水塔的水泵电动机和蓄水池电磁阀都有哪些控制要求？ 问题2：使用跳转指令时，有哪些注意事项？		

	任务准备		
知识积累	1. 跳转指令的助记符是（ ）。 A. SET B. CJ C. ANB D. ALT 2. 标号一般设在相关的跳转指令之后，也可以设在跳转指令之前。（ ） 3. 在条件跳转执行期间，被跳过程序段中的各种继电器、状态器、定时器的状态将发生改变。（ ） 4. 被跳过程序段中的定时器和计数器，无论是否具有掉电功能，在跳转执行期间它们的当前值将被锁定保持不变。（ ）		

	根据 PLC 实操项目流程，组内分工制订工作计划。		
制订计划	序号	工作流程	操作要点	负责人
	1	分析项目要求	明确项目要求，绘制状态流程图	
	2	确定 I/O 分配表	合理分配 I/O 口	
	3	画出 PLC 外部接线图	按照 I/O 分配表配置 PLC 输入、输出端口，元器件按照国标符号绘制	
	4	按照外部接线图完成 PLC 接线	不能带电进行接线操作	

（续）

制订计划	序号	工作流程	操作要点	负责人
	5	程序编写	按照编写步骤依次进行	
	6	调试运行	PLC 软件监视测试，PLC 设备输入、输出指示灯正确指示	

任务实施

元器件检测

检测本任务所需元器件，记录在表中，若检测到不合格的元器件，请进行更换。

序号	元器件名称	检测位置	检测结果
1			
2			
3			
4			
5			
6			
7			

分配 I/O 端口

根据本任务要求分配 PLC 上的 I/O 端口，并填写在表中。

输入（I）		输出（O）	
端口编号	设备	端口编号	设备

（续）

外部接线	根据 I/O 分配将 PLC 控制水塔水位运行外部线路绘制完整。

<table>
<tr><td>L</td><td>COM3</td></tr>
<tr><td>N</td><td>Y010</td></tr>
<tr><td>⊥</td><td>Y011</td></tr>
<tr><td>COM</td><td>Y012</td></tr>
<tr><td>X000</td><td>Y013</td></tr>
<tr><td>X001</td><td>COM4</td></tr>
<tr><td>X002</td><td></td></tr>
<tr><td>X003</td><td></td></tr>
<tr><td>X004</td><td></td></tr>
<tr><td>X005</td><td></td></tr>
<tr><td>X006</td><td></td></tr>
<tr><td>X007</td><td></td></tr>
</table>

FX3U–48MR

程序编写

编写梯形图程序。

通电试车

1. 通电前，请进行自检，填写检测记录表，自检不合格不得通电。

序号	检测线名称	检测状态
实操装置		
PLC 输入电路		
PLC 输出电路		

2. 经自检合格后，在教师监视下通电试车，并记录内容至表中。

序号	现象	改进
实操装置		
PLC 输入电路		
PLC 输出电路		

（续）

		任务评价				
根据在本任务中的实际表现进行自评及小组评价。						
项目内容	评估内容	评估标准	配分	学生自评	学生互评	教师评价
专业技能	知识掌握情况	知识掌握效果好	10			
	合理选择元器件	合理选择元器件	5			
	I/O 分配合理	合理分配 I/O 端口	10			
	外部接线及布线工艺	按照原理图正确、规范接线	10			
	梯形图设计	编辑梯形图程序	15			
	程序检查与运行	正确地进行程序传送、运行和监控	20			
方法	自主学习能力	预习效果好	5			
	理解、总结能力	能正确理解任务，善于总结	5			
	创新能力	选用新方法、新工艺效果好	5			
素养	团队协作能力	积极参与、团结协作	5			
	语言表达能力	观点表达清楚，展示效果好	5			
	安全操作能力	遵守安全操作规程	5			
合计			100			

任务总结
根据自己在任务实施中的情况进行反思和总结。

工作页十二

变频器的认识与使用

姓名		班级	
组员		日期	

	任务分析		

施工要求	某传送带运输机工作过程如下：由操作人员选择运输机的运行频率，前进的运行频率分别为10Hz、20Hz、40Hz；请设置变频器的参数。

问题引领	问题1：运输机的运行频率应设定变频器的哪些参数？ 问题2：变频器的运行模式的设定值是多少？

	任务准备
知识积累	1. 变频器的输出端子U、V、W连接到（　　　）上。 A. 交流电源　　　　　B. 变压器　　　　　C. 电动机　　　　　D. 控制装置 2. 下列（　　　）不属于变频器按输入电压等级的分类。 A. 低压变频器　　　　B. 中压变频器　　　　C. 高压变频器　　　　D. 超高压变频器 3. 变频器要正确接地，接地电阻小于（　　　）。 A. 5Ω　　　　　　　　B. 6Ω　　　　　　　　C. 8Ω　　　　　　　　D. 10Ω 4. 变频器参数Pr.6速度是指（　　　）。 A. 高速RH　　　　　　B. 低速RL　　　　　　C. 中速RM　　　　　　D. 匀速RS

（续）

根据任务分析，组内分工制订工作计划。

	序号	工作流程	操作要点	负责人
制订计划	1	分析任务的控制要求	确定变频器的参数	
	2	确定变频器的设定参数值	确定变频器参数的数值	
	3	按照外部接线图完成变频器接线	接线的正确性	
	4	变频器参数设置	参数的设定步骤	
	5	检查变频器的接线	接线的正确与规范	
	6	调试运行	满足控制要求	

任务实施

根据任务要求将变频器的参数填写完整。

	序号	参数代号	参数值	说明
变频器参数设定值	1			高速
	2			中速
	3			低速
	4			外部运行模式

根据任务要求将变频器外部接线图补充完整。

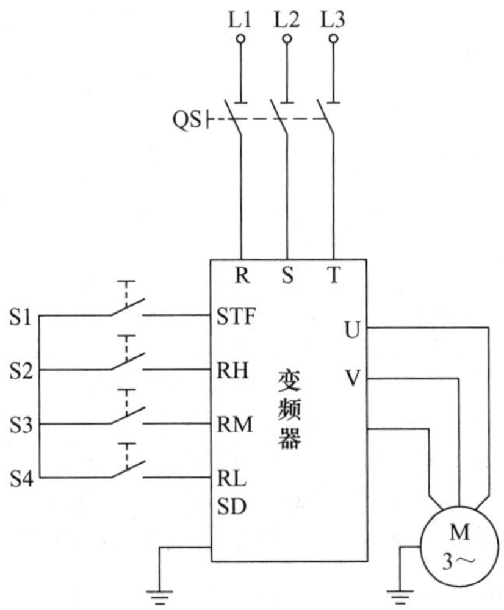

外部接线

<table>
<tr><td rowspan="2">调试运行</td><td colspan="3">1.通电前，请进行自检，填写检测记录表，自检不合格不得通电。</td></tr>
</table>

调试运行	序号	检测线名称	检测状态
	1	变频器输入线路	
	2	变频器的参数值	
	3	变频器与电动机的连接线路	

2.经自检合格后，在教师监视下通电试车，并记录内容至表中。

序号	现象	改进
1	变频器输入线路	
2	变频器的参数值	
3	变频器与电动机的连接线路	

任务评价

根据在本任务中的实际表现进行自评及小组评价。

任务内容	评估内容	评估标准	配分	学生自评	学生互评	教师评价
专业技能	知识掌握情况	知识掌握效果好	10			
	接线端子的认知	掌握接线端子含义	15			
	操作面板的认知	操作面板各区域的功能	10			
	运行模式的选择	正确选择运行模式	15			
	常用参数的设定	设定步骤	20			
方法	自主学习能力	预习效果好	5			
	理解、总结能力	能正确理解任务，善于总结	5			
	创新能力	选用新方法、新工艺效果好	5			
素养	团队协作能力	积极参与、团结协作	5			
	语言表达能力	观点表达清楚，展示效果好	5			
	安全操作能力	遵守安全操作规程	5			
合计			100			

（续）

任务总结
根据自己在任务实施中的情况进行反思和总结。

工作页十三

组态软件的认识与使用

姓名		班级	
组员		日期	

任务分析	
施工要求	完成电动机自锁控制的组态工作任务。
问题引领	问题1：完成任务要求的组态任务需要哪些步骤？ 问题2：怎样设置可以实现触摸屏与PLC的通信？

	任务准备
知识积累	1. 触摸屏可用于替代哪些设备功能？（　　　） A. 传统继电控制系统　　　　　　　　B. PLC控制系统 C. 工控机系统　　　　　　　　　　　D. 传统开关按钮型操作面板 2. 触摸屏不能替代统操作面板哪个功能？（　　　） A. 手动输入常开按钮　B. 数值指拨开关　　C. 急停开关　　　D. LED信号灯 3. 此任务中触摸屏中使用的按钮是（　　　）。 A. X继电器　　　　B. M继电器　　　　C. Y继电器　　　　D. S继电器 4. 为了能够使触摸屏和PLC通信连接，须把定义好的数据对象和（　　　）进行连接。 A. PLC内部变量　B. 控制对象　　　　C. 按钮　　　　D. 电动机

制订计划	根据任务分析，组内分工制订工作计划。			
	序号	工作流程	操作要点	负责人
	1	分析任务控制要求	理解任务的要求	
	2	确定组态画面各元器件对应PLC地址	元器件对应无遗漏	
	3	创建工程	工程名称正确	
	4	定义数据对象	定义数据对象准确	
	5	设备连接	确保设备连接正确	

（续）

制订计划	序号	工作流程	操作要点	负责人
	6	画面和元器件的制作	元器件属性设置正确	
	7	检查组态制作的过程	组态的步骤正确	

任务实施

PLC 地址分配表

根据任务分析将组态画面元器件对应的 PLC 地址分配表填写完整。

元器件类别	名称	输入地址	输出地址
状态指示	电动机运转		
按钮	起动按钮		
	停止按钮		

定义数据对象

根据任务分析将数据对象表补充完整。

数据名称	数据类型	注释
运行状态		
起动按钮		
停止按钮		

变量的连接

根据任务要求填写"运行状态"变量连接的基本属性。

序号	基本属性	参数设置
1	通道类型	
2	通道地址	
3	通道个数	
4	读写方式	

工程下载

下载前，请进行自检，填写检测记录表，自检不合格不得下载。

序号	检测线名称	检测状态
1	触摸屏与计算机的连接	
2	工程下载	
3	触摸屏运行	

（续）

任务评价						
根据在本任务中的实际表现进行自评及小组评价。						
项目内容	评估内容	评估标准	配分	学生自评	学生互评	教师评价
专业能力	知识掌握情况	知识掌握效果好	15			
专业能力	正确使用软件	正确使用软件	15			
专业能力	合理使用教本	脚本使用正确	20			
专业能力	变量定义	变量定义正确	20			
方法	自主学习能力	预习效果好	5			
方法	理解、总结能力	能正确理解项目，善于总结	5			
方法	创新能力	选用新方法、新工艺效果好	5			
素养	团队协作能力	积极参与、团结协作	5			
素养	语言表达能力	观点表达清楚，展示效果好	5			
素养	安全操作能力	遵守安全操作规程	5			
合计			100			

任务总结
根据自己在任务实施中的情况进行反思和总结。

_____

_____

_____

_____

_____

工作页十四

PLC 与变频器和触摸屏的综合应用

姓名		班级	
组员		日期	

任务分析	
施工要求	1.按下起动按钮（或触摸屏起动按钮），运料小车载运货物低速（变频器频率20Hz）前进，相应指示灯亮。碰到行程开关 SQ1 后，开始卸货，卸完货物，小车空载高速（变频器频率50Hz）返回，相应指示灯亮。碰到起始位置开关 SQ2 停止，开始装货，装货完成后，继续低速运料，如此循环反复。 2.按下停止按钮（或触摸屏停止按钮），所有的运动停止。
问题引领	问题1：如何实现实际按钮和触摸屏两种方式都能控制小车的运动呢？ 问题2：怎样设置可以实现小车在运送物料时低速前进，而空载返回时是高速运行呢？

任务准备	
知识积累	1.触摸屏与 PLC 通信使用的是（　　　）通信线。 A．RS232　　　　B．RS485　　　　C．USB　　　　D．电源 2.此任务中触摸屏中使用的按钮是（　　　）。 A．X 继电器　　　B．M 继电器　　　C．Y 继电器　　　D．S 继电器 3.变频器参数 Pr.79 外部操作模式参数值是（　　　）。 A．1　　　　　　　B．2　　　　　　　C．3　　　　　　　D．4 4.变频器参数 Pr.4 速度是指（　　　）。 A．高速 RH　　　　B．低速 RL　　　　C．中速 RM　　　　D．匀速 RS

制订计划	根据任务分析，组内分工制订工作计划。			
	序号	工作流程	操作要点	负责人
	1	确定 PLC 的 I/O 分配表	合理分配 I/O 口	
	2	画出 PLC 外部接线图	按功能画出 I/O 口接线图	
	3	按照外部接线图完成 PLC 接线	按原理图进行 I/O 接线	
	4	程序编写	根据要求编写，实现功能	

（续）

	序号	工作流程	操作要点	负责人
制订计划	5	触摸屏设置	根据要求设置触摸屏	
	6	变频器参数设置	根据要求设置变频器参数	
	7	PLC、变频器与触摸屏的连接	将三个电器连接正确	
	8	调试运行	对三个电器分别调试	

任务实施

根据任务分析将 PLC 的 I/O 分配表填写完整。

	输入（I）		输出（O）	
PLC 的 I/O 分配表	端口编号	设备	端口编号	设备

根据 I/O 分配将运料小车往返外部线路补充完整。

外部接线

（续）

	编写梯形图程序。
程序 编写	

根据任务要求定义数据对象，写出数据对象的 I/O 分配表。

输入（I）			输出（O）		
设备（开关）	端口编号	数据类型	设备（指示灯）	端口编号	数据类型

触摸屏设置

根据要求确定变频器所需设置的参数，将表格补充完整。

序号	参数代号	参数值	说明
1			高速（RH）
2			低速（RL）
3			电动机控制模式（外部操作模式）

变频器参数设置

（续）

调试运行	1.通电前，请进行自检，填写检测记录表，自检不合格不得通电。 2.经自检合格后，在教师监视下通电试车，并记录内容至表中。				
	序号	检测线路名称	检测状态	现象	改进
	1	PLC 输入、输出线路			
	2	变频器与 PLC 的连接线路			
	3	触摸屏与 PLC 的连接线路			

任务评价

根据在本任务中的实际表现进行自评及小组评价。

项目内容	评估内容	评估标准	配分	学生自评	学生互评	教师评价
专业技能	知识掌握情况	知识性内容掌握好	10			
	组态软件使用	能正确使用软件，会编程	10			
	变频器参数设定	参数设定的步骤	10			
	梯形图设计	编辑梯形图程序	10			
	外部接线及布线工艺	接线正确、规范	10			
	整机调试与运行	第 1 次调试运行正常，第 2 次调试成功减 10 分	20			
方法	自主学习能力	预习效果好	5			
	理解、总结能力	能正确理解项目，善于总结	5			
	创新能力	选用新方法、新工艺效果好	5			
素养	团队协作能力	积极参与、团结协作	5			
	语言表达能力	表达清楚，展示效果好	5			
	安全操作能力	遵守安全操作规程	5			
合计			100			

任务总结

根据自己在任务实施中的情况进行反思和总结。

_____

_____

_____

_____

_____

工作页十五

PLC 控制生产流水线产品的运输

姓名		班级	
组员		日期	

	任务分析		

施工要求	1. 生产化学产品 1 的方式：将转换开关置于"化学产品 1"位置，按下起动按钮，液体 A 电磁阀 YV1 开启；当液体 A 到达液位 L3 时，电磁阀 YV1 关闭，同时液体 B 电磁阀 YV2 开启；当液体 B 到达液位 L2 时，电磁阀 YV2 关闭，同时液体 C 电磁阀 YV3 开启；当液体 C 到达液位 L1 时，电磁阀 YV3 关闭，加热器开始加热；5s 后，变频器以 20Hz 频率驱动搅拌机低速正转运行 6s；然后电磁阀 YV4 开启，混合液体输出。按下复位按钮，电磁阀 YV4 再开启 3s，以防没排空液体，然后关闭。 2. 生产化学产品 2 的方式：将转换开关置于"化学产品 2"位置，按下起动按钮，液体 A 电磁阀 YV1 开启，同时液体 B 电磁阀 YV2 也开启；当液体 A、B 到达液位 L3 时，电磁阀 YV1、YV2 关闭；变频器以 35Hz 频率驱动搅拌机中速正转运行 4s 后停止，液体 C 电磁阀 YV3 开启；当液体 C 到达液位 L2 时，电磁阀 YV3 关闭，变频器以 35Hz 频率驱动搅拌机中速反转运行，3s 后停止，液体 A 电磁阀 YV1 开启；当液体 A 到达液位 L1 时，电磁阀 YV1 关闭，加热器开始加热；5s 后，变频器以 20Hz 频率驱动搅拌机低速反转运行；温度到达 T 后，电磁阀 YV4 开启，混合液体输出。按下复位按钮，电磁阀 YV4 再运行 3s，以防未排空液体，然后停止。

问题引领	问题 1：有两种化学产品生产，生产不同化学产品时所选择的方式不同，根据这点，PLC 编程选用哪种编程语言更容易实现？ 问题 2：搅拌机旋转时分低速、中速两种状况，可以通过设置什么参数实现？

	任务准备

知识积累	三菱 PLC 的 SFC 编程法受到很多从事 PLC 编程的工程师欢迎，SFC 编程法相对于传统梯形图编程法有哪些优点？

（续）

	根据任务分析，组内分工制订工作计划。			
	序号	工作流程	操作要点	负责人
制订计划	1	确定 PLC 的 I/O 分配表	合理分配 I/O 口	
	2	画出 PLC 外部接线图	按功能画出 I/O 口接线图	
	3	按照外部接线图完成 PLC 接线	按电气原理图进行 I/O 接线	
	4	程序编写	根据要求编写，实现功能	
	5	触摸屏设置	根据要求设置触摸屏	
	6	变频器参数设置	根据要求设置变频器参数	
	7	PLC、变频器与触摸屏的连接	将三个电器连接正确	
	8	调试运行	三个电器分别调试	

任务实施

	根据任务分析将 PLC 的 I/O 分配表填写完整。			
	输入（I）		输出（O）	
	端口编号	设备	端口编号	设备
PLC 的 I/O 分配表				

（续）

外部接线	根据 I/O 分配将化学产品混合液体生产 PLC 外部线路补充完整。 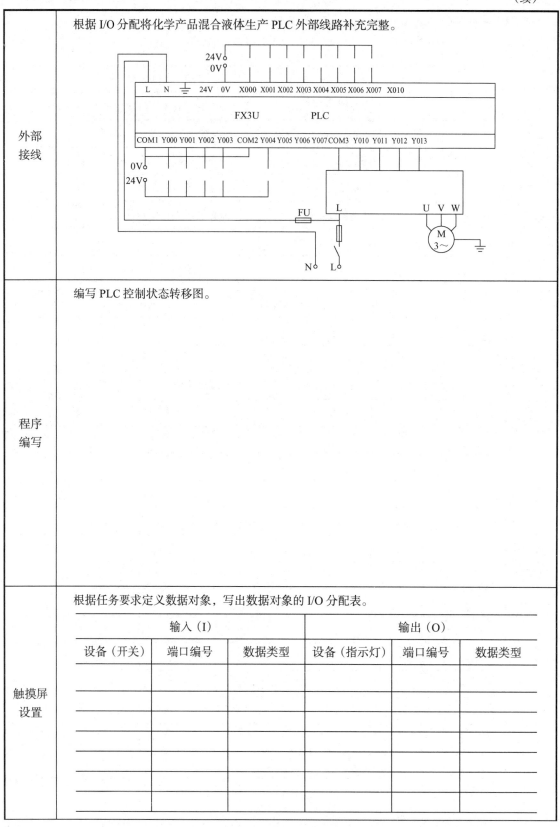
程序编写	编写 PLC 控制状态转移图。

根据任务要求定义数据对象，写出数据对象的 I/O 分配表。

输入（I）			输出（O）		
设备（开关）	端口编号	数据类型	设备（指示灯）	端口编号	数据类型

触摸屏设置

（续）

变频器参数设置	根据任务要求确定变频器所需设置的参数，将表格补充完整。			
	序号	参数代号	参数值	说明
	1			中速 (RM)
	2			低速（RL）
	3			电动机控制模式（外部操作模式）

调试运行	1. 通电前，进行自检，填写检测记录表，自检不合格不得通电。 2. 经自检合格后，在教师监视下通电试车，并记录内容至表中。			
	序号	检测线路名称	检测状态	现象	改进
	1	PLC 输入、输出线路			
	2	变频器与 PLC 的连接线路			
	3	触摸屏与 PLC 的连接线路			

任务评价

根据在本项目中的实际表现进行自评及小组评价。

项目内容	评估内容	评估标准	配分	学生自评	学生互评	教师评价
专业技能	知识掌握情况	知识性内容掌握好	10			
	组态软件使用	能正确使用软件，会编程	10			
	变频器参数设定	参数设定的步骤	10			
	梯形图设计	编辑梯形图程序	10			
	外部接线及布线工艺	接线正确、规范	10			
	整机调试与运行	第 1 次调试运行正常，第 2 次调试成功减 10 分	20			
方法	自主学习能力	预习效果好	5			
	理解、总结能力	能正确理解项目，善于总结	5			
	创新能力	选用新方法、新工艺效果好	5			
素养	团队协作能力	积极参与、团结协作	5			
	语言表达能力	表达清楚，展示效果好	5			
	安全操作能力	遵守安全操作规程	5			
合计			100			

（续）

任务总结
根据自己在任务实施中的情况进行反思和总结。